# 分子生物学与
# 基因工程实验教程

主　编　陈建荣
副主编　刘　臻

·长　沙·

# 编委会


主　编：陈建荣（长沙学院）

副主编：刘　臻（长沙学院）

参　编：唐建洲（长沙学院）

成　嘉（长沙学院）

瞿符发（长沙学院）

陈治国（长沙学院）

邓　明（人和未来生物科技有限公司）

谢帝芝（华南农业大学）

刘　芳（长沙学院）

姚　咪（人和未来生物科技有限公司）

# 前言

分子生物学与基因工程实验课程对生物工程专业创新型人才的培养具有重要意义。分子生物学和基因工程技术被广泛应用于生命科学的各个领域，不仅给现代生命科学带来了一场革命，也大大促进了工业、农业、医药等行业的发展，尤其在基因工程药物、转基因农作物等方面已创造了巨大的社会效益和经济效益。

本书为湖南省普通高校教学改革研究项目"'新工科'建设背景下地方高校生物制药专业实践教学的'园校企'合作模式研究与实践"的成果。为了适应当前国家对教学改革的新要求，满足生物农业、生物医药产业对高新技术应用型人才的迫切需求，并考虑到分子生物学实验与基因工程实验知识的连续性，编写团队对优化实验项目进行整合。本书中分子生物学实验与基因工程实验有助于学生掌握本学科基本实验技术和技能，综合实训有利于学生对基本实验技术和技能的综合应用，从而进一步提高学生的实践能力和创新能力。本书适用于生物工程、生物制药等生物医药相关专业教学，也为生物工程、生物技术领域企业技术开发科研人员提供参考。

本书的编写获得了湖南省普通高校"十三五"专业综合改革试点项目及"生物工程"专业综合改革试点项目和湖南省"一流本科专业"生物工程建设点经费的资助，并被立项为长沙学院优秀教材建设项目，得到了长沙学院教务处、生物与环境工程学院的支持，在此表示衷心感谢！同时，感谢编写团队的辛勤付出及中南大学出版社和各编写单位的大力支持。

参加本书编写工作的有长沙学院陈建荣(第一篇、第三篇、附录)、刘臻(第三篇)、唐建洲(第三篇、参考文献)、成嘉(第一篇、第二篇)、瞿符发(第一篇、第二篇)、陈治国(第三篇)、刘芳(第二篇)，华南农业大学谢帝芝(第三篇)，人和未来生物科技有限公司邓明、姚咪(第三篇)。全书由陈建荣统稿并最终定稿。

限于水平，错误之处在所难免，敬请广大读者批评指正。

**陈建荣**

2018年9月

# 目 录

# 第一篇 分子生物学实验

# 实验一　植物组织基因组 DNA 的提取

## 一、实验目的

掌握用 CTAB 法提取植物组织基因组 DNA 的基本原理和操作技术。

## 二、实验原理

采用机械研磨的方法破碎植物组织和细胞后，加入离子型表面活性剂 CTAB（十六烷基三甲基溴化铵），溶解细胞膜和核膜蛋白、解聚核蛋白，使核酸（DNA、RNA）游离出来。再经苯酚和氯仿等有机溶剂抽提，使蛋白质变性，并使抽提液分相，经离心后即可从抽提液中除去细胞碎片和大部分蛋白质及多糖类物质。吸取含水溶性较强的核酸（DNA、RNA）上清液，加入异丙醇或无水乙醇使 DNA 沉淀，经含有 RNA 酶的 TE 溶液溶解，去除基因组中的 RNA，即得植物基因组 DNA。

## 三、仪器与试剂

### （一）材料和仪器

新鲜植物叶片、研钵、制冰机、超微量分光光度计、离心管、台式高速冷冻离心机、微量移液器、扩口枪头、剪刀等。

### （二）试剂

石英砂、20% $Na_2S_2O_5$、5 mol/L NaCl、Tris－饱和酚、氯仿、异戊醇、乙醇、

TE 缓冲液、提取缓冲液[2% CTAB、100 mmol/L Tris - HCl (pH 8.0)、1.4 mol/L NaCl、20 mmol/L EDTA]、20 μg/mL RNA 酶、DNA Loading Buffer、核酸染料、琼脂糖凝胶等。

## 四、实验步骤

1. 取新鲜植物叶片 0.1 ~ 0.2 g 与等量石英砂混合，并在冰上充分研磨。

2. 加入 600 μL 提取缓冲液和 70 μL 20% $Na_2S_2O_5$，室温孵育 5 ~ 10 min，期间轻摇。

3. 用 1000 μL 扩口枪头吸取约 700 μL 上清液至 1.5 mL 离心管中(注意不要吸到沉淀)。

4. 在 65℃下水浴 10 min，其间轻摇。

5. 加入 500 μL Tris - 饱和酚(下层黄色液体)进行抽提，于 4℃、12000 r/min 离心 10 min。

6. 转移 600 μL 上层水相至新 EP 管中，弃去中间层的细胞碎片和变性蛋白以及下层的有机层。

7. 加入 1 V(1 倍体积)氯仿与异戊醇混合溶液(体积比为 24∶1)，轻轻混匀 15 s，静置 5 min。

8. 于 4℃、12000 r/min 离心 10 min，转移 400 μL 上清液至新管。

9. 加入 200 μL 5 mol/L NaCl 和 600 μL 异丙醇，轻摇 30 s 混匀，可看到纤维状或云雾状的沉淀(主要为 DNA)。

10. 于 4℃、12000 r/min 离心 10 min，用 600 μL 70% 乙醇洗涤沉淀 1 ~ 2 次。

11. 弃去乙醇，倒扣于滤纸上吸去剩余乙醇。直立 EP 管，在超净台或 37℃恒温箱中开盖吹干沉淀。

12. 加入 50 μL TE 缓冲液(含 20 μg/mL RNA 酶)溶解 DNA(可置于 65℃恒温箱中溶解 30 min)。

13. 取 1 μL 基因组 DNA 样本用超微量分光光度计测定其浓度和纯度($A_{260}/A_{280}$)。

14. 取 2 μL 基因组 DNA 样本加入 6 × DNA Loading Buffer，于含核酸染料的 1% 琼脂糖凝胶中恒压 75 V 恒压电泳后，在紫外灯下观察 DNA 的完整性。

## 五、注意事项

1. Tris - 饱和酚、氯仿均为有毒试剂，应在通风橱内操作，使用时小心，切勿接触皮肤。

2. 实验材料要从活体植物组织上现取。
3. 机械研磨要充分，越细越好。
4. 酚、氯仿抽提时离心时间可长些，取上清液时不要触及蛋白及杂质层。

## 六、实验结果与分析

### (一) 实验结果

1. 图示提取的样品基因组 DNA 琼脂糖凝胶电泳图谱。
2. 测得的基因组 DNA 的浓度和纯度如何？

### (二) 思考题

1. 为了保证植物基因组 DNA 的完整性，在吸取样品、抽提过程中应注意什么？
2. 实验中使用的 CTAB、EDTA 作用如何？

# 实验二　动物组织基因组 DNA 的提取

## 一、实验目的

了解并掌握提取动物基因组 DNA 的原理和步骤。

## 二、实验原理

动物组织细胞基因组 DNA 可以从新鲜组织、培养细胞或低温保存的组织细胞中提取，通常在 EDTA 以及 SDS 等试剂存在下，用蛋白酶 K 裂解细胞，随后用酚、氯仿抽提除去蛋白质，再根据基因组 DNA 较长的特性，将其与细胞器或质粒等小分子 DNA 分离。在高盐环境下加入一定量的无水乙醇，基因组的大分子 DNA 沉淀形成纤维状絮团飘浮其中，用枪头可将其挑出。

本实验通过 DNA 抽提缓冲液(含 SDS 和蛋白酶 K)裂解鱼血红细胞，加入 RNase，降解 RNA。然后利用有机溶剂(酚、氯仿)反复抽提，使蛋白质变性，与溶于水相的 DNA 分开，再于低温高盐环境下用无水乙醇使基因组 DNA 沉淀下来。

## 三、仪器与试剂

### (一)材料和仪器

新鲜或冻存的 ACD 抗凝鱼全血、制冰机、EP 管、恒温水浴锅、台式高速冷冻离心机、核酸蛋白测定仪、微量移液器、扩口枪头等。

### (二)试剂

DNA 抽提缓冲液(10 mmol/L Tris - HCl、0.1 mol/L EDTA、0.5% SDS、pH8.0)、蛋白酶 K、TE buffer(10 mmol/L Tris - HCl、1 mmol/L EDTA、pH 8.0)、无水乙醇、Tris - 饱和酚、氯仿与异戊醇混合液(体积比为 24∶1)、2.5 mol/L NaCl、0.8% 琼脂糖凝胶等。

## 四、实验步骤

1. 将 50 μL 鱼全血加入 450 μL DNA 抽提缓冲液(1.5 mL EP 管中),混匀后加入蛋白酶 K 至终浓度为 200 μg/mL,颠倒混匀,于 55℃ 消化过夜(18 ~ 24 h)。

2. 取出 EP 管,冷却至室温,加入 500 μL Tris - 饱和酚,轻柔颠倒混匀3 min。于 4℃、12000 r/min 离心 10 min,用扩口枪头取上清液至另一 EP 管中。

3. 加入等体积的苯酚与氯仿混合液(体积比为 1∶1),轻轻混匀 3 min,于 4℃、12000 r/min 离心 10 min,用扩口枪头取上清液至另一 EP 管中。

4. 加入等体积的氯仿与异戊醇混合液,轻轻混匀 3 min,于 12000 r/min 离心 10 min,用扩口枪头取上清液至另一 EP 管中。

5. 加入 2.5 mol/L 的 NaCl(至终浓度 0.2 mol/L)和预冷的 2 倍体积无水乙醇(约 600 μL),轻轻混匀,-20℃ 静置 10 min,沉淀基因组 DNA(白色丝状)。

6. 4℃、12000 r/min 离心 10 min,弃上清液。

7. 用 500 μL 70% 的乙醇洗涤沉淀,4℃、12000 r/min 离心 5 min。

8. 去乙醇,滤纸上倒扣吸干,开盖干燥至沉淀半透明。

9. 加入 100 μL TE buffer 溶解 DNA,于 4℃ 溶解过夜,待检测。

10. 用 0.8% 琼脂糖凝胶电泳检测提取的 DNA ,估计其分子量的大小,在核酸蛋白测定仪上测定提取 DNA 的含量及纯度。

## 五、注意事项

1. 所有用品均需要高温高压处理,以灭活残余的 DNA 酶。

2. 所有试剂均用高压灭菌双蒸水配制。

3. 用大口滴管或枪头操作,并且操作动作要轻柔,以尽量减少切断 DNA 的可能性。

4. 取上清液时,不应贪多,以防非核酸类成分干扰(如吸到中间层的蛋白质等)。

5. 无水乙醇、75% 乙醇、NaCl 等要预冷,以抑制 DNA 酶活性,减少 DNA 的降解，促进 DNA 与蛋白质等成分的分相，利于 DNA 沉淀。

## 六、实验结果与分析

### （一）实验结果

1. 图示提取的鱼血基因组 DNA 电泳检测结果。
2. 提取的鱼血基因组 DNA 含量及纯度如何？

### （二）思考题

实验中使用的蛋白酶 K、SDS、EDTA、NaCl 有何作用？

# 实验三　大肠杆菌基因组 DNA 的提取

## 一、实验目的

学习和掌握利用试剂盒法提取细菌基因组 DNA 的基本原理和实验方法。

## 二、实验原理

HiPure 硅胶柱采用高结合力的玻璃纤维滤膜为基质。滤膜在高浓度离子化剂(如盐酸胍或异硫氰酸胍)环境中，可通过氢键和静电吸附核酸，而蛋白质或其他杂质不被吸附。吸附了核酸的滤膜经洗涤去除蛋白质和盐，最后可以用低盐缓冲液(如 Buffer TE)或水，洗脱出滤膜上吸附的核酸。得到的核酸纯度高，可直接用于各种下游实验。

HiPure 细菌 DNA 提取试剂盒基于硅胶柱纯化方式。细菌经溶菌酶消化去除细胞壁，某些细菌还可加入玻璃珠涡旋破壁，然后在裂解液和蛋白酶作用下裂解消化，DNA 释放到裂解液中。加入乙醇后，转移至柱子中过滤，DNA 被吸附在柱子的膜上，而蛋白质则不被吸附而去除。柱子经 Buffer GW1 洗涤蛋白质和其他杂质，经 Buffer GW2 洗涤去除盐分，最后 DNA 被低盐缓冲液洗脱。洗脱的 DNA 可直接用于 PCR、酶切、Southern blot 等实验。

## 三、仪器与试剂

### (一)材料和仪器

超净工作台、离心机、离心管、移液器、三角瓶、核酸蛋白定量仪、电泳仪、硅胶柱等。

### (二)试剂

酵母膏、蛋白胨、氯化钠、无水乙醇、琼脂糖，蛋白酶 K 等。

## 四、实验步骤

1. 在超净工作台无菌环境中，利用接种环挑取大肠杆菌单克隆于 10 mL LB 液体培养基中，37℃摇床培养 14 ~ 16 h。

2. 转移 1 mL 细菌培养液(少于 $1.5\times10^9$ 个细菌)至 1.5 mL 离心管中。10000 ×g 离心 1 min 收集细菌沉淀团，倒弃培养液。

3. 加入 200 μL Buffer STE 和 30 μL Lysozyme 至细菌沉淀团中。涡旋充分重悬细菌，37℃水浴 30 min。

4. 加入 15 μL Buffer SDS、10 μL 蛋白酶 K 和 5 μL RNase 溶液至细菌重悬液中。涡旋混匀，65℃水浴消化 30 min。

5. 室温下，10000 ×g 离心 3 min。转移上清液至新的离心管中。

6. 加入 250 μL Buffer DL 和 250 μL 无水乙醇至裂解液中。最高速度涡旋 30 s。注：这一步若有明显的絮状沉淀，用移液枪吸打几次尽量打散沉淀。

7. 把 HiPure gDNA Micro Column 装在 2 mL 收集管中。转移第 6 步获得的混合液(包括沉淀)至柱子中，10000 ×g 离心 1 min。注：若柱子出现堵塞，提高离心速度至离心 3 min。

8. 倒弃流出液，把柱子装回收集管中。加入 500 μL Buffer GW1(已用乙醇稀释)至柱子上，10000 ×g 离心 1 min。注：Buffer GW1 须用无水乙醇稀释，按瓶子标签或说明书指示进行稀释。

9. 倒弃滤液，把柱子装回收集管中。加入 650 μL Buffer GW2(已用乙醇稀释)至柱子中，10000 ×g 离心 1 min。注：Buffer GW1 须用无水乙醇稀释，按瓶子标签或说明书指示进行稀释。

10. 倒弃滤液，把柱子装回收集管中。再加入 650 μL Buffer GW2(已用乙醇稀释)至柱子中，10000 ×g 离心 1 min。

11. 倒弃流出液，把柱子装回收集管中，10000 ×g 离心 2 min。这一步可去除柱子中残留的乙醇。

12. 将柱子装在新的 1.5 mL 离心管中。加入 30 ~ 50 μL 预热至 65℃ 的 Elution Buffer 或 Buffer TE 至柱子膜中央，放置 3 min，10000 ×g 离心 1 min。

13. 再加入 30 ~ 50 μL 预热至 65℃ 的 Elution Buffer 或 Buffer TE 至柱子的膜中央，放置 3 min，10000 ×g 离心 1 min。注：处理 DNA 含量很低的样品无须第二次洗脱；若纯化的 DNA 需要长期保存，建议用 Buffer TE 来洗脱 DNA。

14. 丢弃 DNA 结合柱，利用琼脂糖凝胶电泳检测 DNA 质量，用核酸蛋白定量仪检测 DNA 浓度。

## 五、实验结果与分析

### （一）实验结果

1. 测定大肠杆菌基因组 DNA 浓度。
2. 观察并拍下大肠杆菌 DNA 电泳图。

### （二）思考题

1. 简述乙醇在本实验中的作用。
2. 分析大肠杆菌 DNA 产量低可能的原因及如何提高 DNA 产率。

# 实验四　病毒基因组 DNA 的提取

## 一、实验目的

学习和掌握利用从动物组织中提取病毒基因组 DNA 的基本原理和实验方法。

## 二、实验原理

本方法利用可以特异性结合病毒 DNA 的离心吸附柱和独特的缓冲液系统，并配备了 Carrier RNA，用于充分收集微量 DNA，适用于从 200 μL 血浆、血清、淋巴液中提取病毒的 DNA。离心吸附柱中采用的硅基质材料为新型材料，高效、专一吸附 DNA，可最大限度去除杂质蛋白质等。提取的病毒 DNA 纯度高，质量稳定可靠，可适用于各种常规操作，包括酶切、PCR、文库构建、Southern 杂交等实验。

## 三、仪器与试剂

### (一) 材料和仪器

超净工作台、离心机、离心管、移液器、三角瓶、核酸蛋白定量仪和电泳仪等。

### (二) 试剂

酵母膏、蛋白胨、氯化钠、无水乙醇、琼脂糖、DP315 试剂盒(天根)等。

## 四、实验步骤

1. 用移液器将 20 μL Proteinase K 加入一个干净的 1.5 mL 离心管中。

2. 向离心管中加入 200 μL 血浆/血清/淋巴液(样品需平衡至室温)。注意:如果样本体积小于 200 μL,可加入 0.9% NaCl 溶液补充。

3. 加入 200 μL Carrier RNA 工作液(为缓冲液 GB 与 Carrier RNA 溶液的混合液)。盖上管盖,涡旋振荡 15 s 混匀。注意:为了保证裂解充分,样品和 Carrier RNA 工作液需要彻底混匀。

4. 在 56℃孵育 15 min。离心以收集附着在管壁及管盖的液体。

5. 加入 250 μL 无水乙醇,此时可能会出现絮状沉淀。盖上管盖并涡旋振荡 15 s,彻底混匀。在室温(15 ~25℃)放置 5 min。注意:如果周围环境高于 25℃,乙醇需要在冰上预冷后再加入。

6. 离心以收集附着在管壁及管盖的液体。

7. 仔细将离心管中的溶液和絮状沉淀全部转移至 RNase - Free 吸附柱 CR2(吸附柱放在收集管中),盖上管盖,8000 r/min 离心 1 min,弃废液,将吸附柱放回收集管中。注意:如果吸附柱上的液体未能全部离心至收集管中,请加大转速,延长离心时间至液体完全转移到收集管中。

8. 小心打开吸附柱盖子,加入 500 μL 溶液 GD(使用前请先检查是否已加入无水乙醇),盖上管盖,8000 r/min 离心 1 min,弃废液,将吸附柱放回收集管。

9. 小心打开吸附柱盖子,加入 600 μL 溶液 PW(使用前请先检查是否已加入无水乙醇),盖上管盖,静置 2 min,8000 r/min 离心 1 min,弃废液,将吸附柱放回收集管。

10. 重复步骤 9。

11. 小心打开吸附柱盖子,加入 500 μL 无水乙醇,盖上管盖,8000 r/min 离心 1 min,弃废液。注意:乙醇的残留可能会对后续实验造成影响。

12. 将吸附柱放回收集管中,12000 r/min 离心 3 min,使吸附膜完全变干,弃废液。

13. 将吸附柱放入一个 RNase - Free 离心管(1.5 mL)中,小心打开吸附柱的盖子,室温放置 3 min,使吸附膜完全变干。向吸附膜的中间部位悬空滴加 20 ~150 μL RNase - Free $ddH_2O$,盖上盖子,室温放置 5 min,12000 r/min 离心 1 min。注意:确保洗脱液(RNase - Free $ddH_2O$)在室温平衡后再使用。如果加入洗脱液的体积很小(小于 50 μL),为了将膜上的 DNA 充分洗脱下来,应将洗脱液加到膜的中央位置;洗脱体积可以根据后续的实验要求灵活处理。

14. 配制琼脂糖凝胶,利用电泳法检测病毒基因组 DNA 质量。

## 五、实验结果与分析

### (一)实验结果

1. 测定病毒基因组 DNA 质量。
2. 分析病毒基因组 DNA 电泳图。

### (二)思考题

1. 简述如何提高病毒基因组 DNA 得率。
2. 谈一谈病毒核酸提取与其他生物核酸提取的异同。

# 实验五　DNA 的琼脂糖凝胶电泳

## 一、实验目的

学习和撑握 DNA 琼脂糖凝胶电泳技术和识读电泳图谱的方法。

## 二、实验原理

琼脂糖凝胶电泳是用于分离、鉴定和提纯 DNA 片段的常用方法。琼脂糖是从琼脂中提取的一种多糖，具有亲水性，但不带电荷，是一种很好的电泳支持物。DNA 在碱性条件下带负电荷，在电场中通过凝胶介质向正极移动，不同 DNA 分子片段由于分子的大小和构型不同，在电场中的泳动速率也不同。核酸染料可嵌入 DNA 分子碱基对间形成荧光络合物，经紫外线照射后，可分出不同的区带，达到分离、鉴定分子量的目的。

## 三、仪器与试剂

### (一) 材料和仪器

电泳仪，电泳槽、凝胶成像系统、恒温水浴锅、微波炉、移液器等。

### (二) 试剂

1 × TAE 电泳缓冲液、EDTA、琼脂糖、溴酚蓝、核酸染料等。

## 四、实验步骤

1. 按所分离的 DNA 分子的大小范围，称取适量的琼脂糖粉末，放入一锥形瓶，加入适量的 1×TAE 电泳缓冲液。然后置微波炉加热至完全溶化，溶液透明。稍摇匀，得胶液。冷却至 60℃左右，在胶液内加入适量的核酸染料。

2. 取有机玻璃制胶板槽，用透明胶带沿胶槽四周封严，并滴加少量的胶液封好胶带与胶槽之间的缝隙。

3. 水平放置胶槽，在一端插好梳子，在槽内缓慢倒入已冷至 60℃左右的胶液，使之形成均匀水平的胶面。

4. 待胶凝固后，小心拔起梳子，撕下透明胶带，使加样孔端置阴极段放进电泳槽内。

5. 在槽内加入 1×TAE 电泳缓冲液，至液面覆盖过胶面。

6. 吸取 1 μL 加样缓冲液与 5 μL 待测 DNA 样品在洁净载玻片上小心混匀，用移液枪小心加至凝胶的加样孔中。

7. 接通电泳仪和电泳槽，并接通电源，调节稳压输出，电压最高不超过 5 V/cm，开始电泳。根据经验调节电压使分带清晰。

8. 观察溴酚兰带(蓝色)的移动。当其移动至距胶前沿约 1 cm 处，可停止电泳。

9. 在凝胶成像系统的样品台上重新铺上一张保鲜膜，赶去气泡平铺，然后把凝胶放在上面。关上样品室外门，打开紫外灯，通过观察孔进行观察。

## 五、实验结果与分析

### (一)实验结果

1. 观察并记录 DNA 琼脂糖凝胶电泳图。

### (二)思考题

1. 如何根据 DNA 分子的大小选择琼脂糖凝胶的浓度?

2. 分析哪些因素会影响 DNA 电泳的速度。

# 实验六 染色体步移法克隆草鱼 PepT1 基因启动子序列

## 一、实验目的

学习和掌握利用染色体步移方法获得基因启动子序列的基本原理和实验方法。

## 二、实验原理

染色体步移技术是一种重要的分子生物学研究技术，使用这种技术可以有效获取与已知序列相邻的未知序列。Genome walking Kit 试剂盒是一种根据已知基因组 DNA 序列，高效获取侧翼未知序列的试剂盒。相对于其他传统方法，本试剂盒具有高效、简便、特异性高、灵敏度高、一次性获得的未知序列较长等特点。其主要原理是根据已知 DNA 序列，分别设计三条同向且退火温度较高的特异性引物(SP Primer)，与试剂盒中提供的四种经过独特设计的退火温度较低的兼并引物，即 AP1、AP2、AP3、AP4 进行热不对称 PCR 反应。通常情况下，其中至少有一种兼并引物可以与特异性引物之间利用退火温度的差异进行热不对称 PCR 反应，通过三次巢式 PCR 反应即可获取已知序列的侧翼。如果一次实验长度不能满足实验要求，还可根据第一次步移获取的序列信息，继续进行侧翼序列获取(图 1 - 1)。

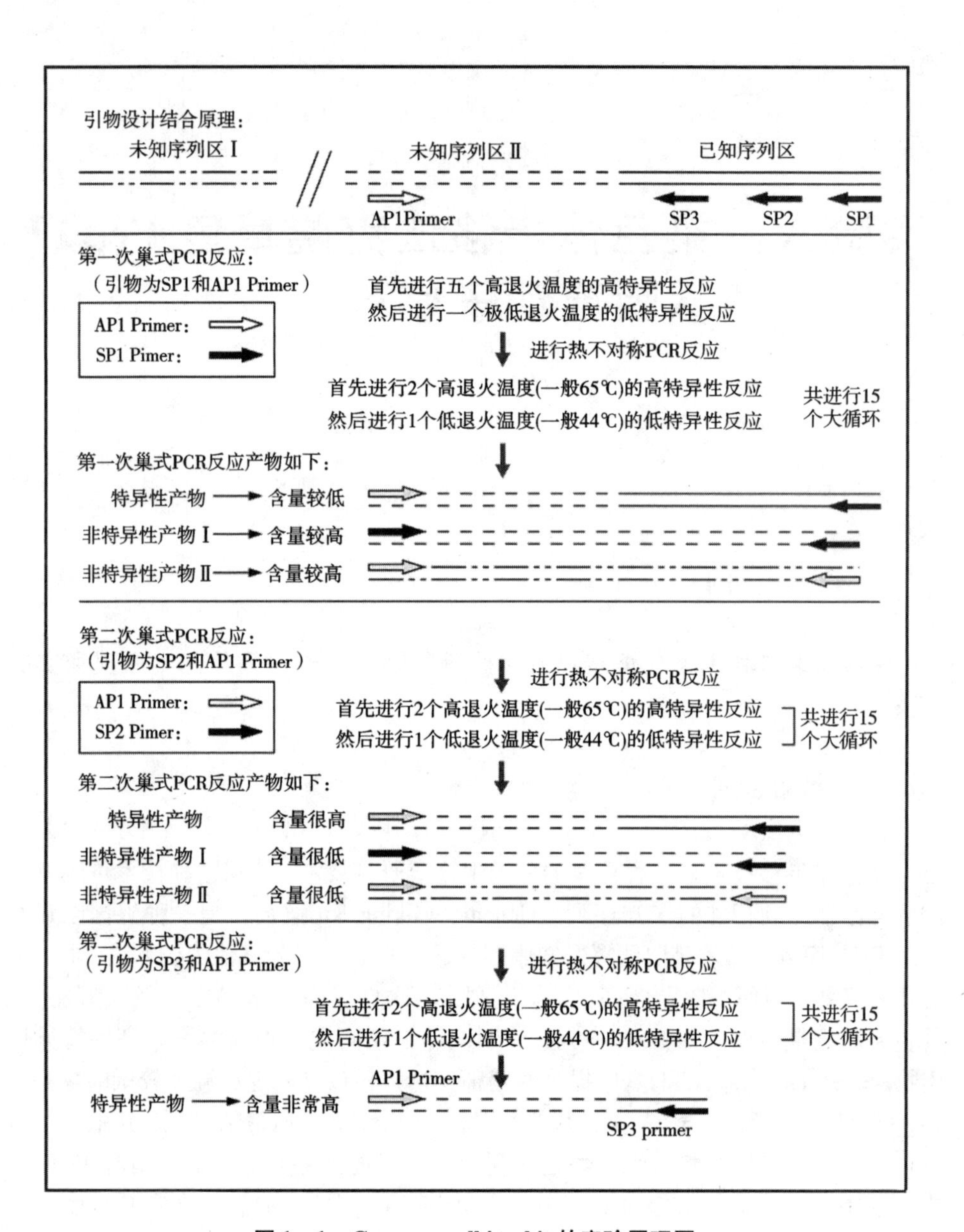


**图 1－1 Genome walking kit 的实验原理图**

## 三、仪器与试剂

### (一)材料和仪器

离心机、移液器、枪头、PCR 仪、核酸蛋白定量仪和电泳仪等。

### (二)试剂

LA Taq 酶、灭菌水、引物、PCR buffer、dNTP Mixture、琼脂糖、DNA marker 等。

## 四、实验步骤

1. 从市场购买鲜活的健康草鱼，解剖鱼体并取出肠道清洗，利用试剂盒抽提草鱼肠道基因组 DNA。

2. 抽提的基因组 DNA 通过琼脂糖凝胶电泳检测质量，利用核酸蛋白定量仪测定 DNA 浓度，准确定量后，取适量作为模板。

3. 以 AP Primer(四种中的任意一种，以下以 AP1 Primer 为例)为上游引物，基因特异性 PepT1 R1 Primer 为下游引物，进行第一轮 PCR 反应。PCR 反应液按表 1 - 1 配制：

**表 1 - 1　第一轮 PCR 反应液配制**

| 试剂 | 使用量 |
|---|---|
| 草鱼肠道基因组 DNA | 1.0 μL |
| dNTP Mixture(2.5 mmol/L each ) | 8.0 μL |
| 10 × LA PCR Buffer II($Mg^{2+}$ plus) | 5.0 μL |
| TaKaRa LA Taq(5 U/μL) | 0.5 μL |
| AP1 Primer(100 pmol/μL) | 1.0 μL |
| PepT1 R1 Primer(10 pmol/μL) | 1.0 μL |
| $dH_2O$ | 33.5 μL |
| 总体积 | 50.0 μL |

第一轮 PCR 反应条件如下：

(1)94℃, 1 min ; 98℃, 1 min; (94℃, 30 s; 65℃, 1 min; 72℃, 3 min)5

Cycles。

(2)94℃，30 s；25℃，3 min；72℃，2 min。

(3)(94℃，30 s；65℃，1 min；72℃，3 min；94℃，30 s；65℃，1 min；72℃，3 min；94℃，30 s；44℃，1 min；72℃，3 min)15 Cycles。

(4)72℃，10 min。

4. 第二轮 PCR 反应液按表 1－2 配制：

**表 1－2　第二轮 PCR 反应液配制**

| 试剂 | 使用量 |
|---|---|
| 第一轮 PCR 反应液 | 1.0 μL |
| dNTP Mixture(2.5 mmol/L each ) | 8.0 μL |
| 10 × LA PCR Buffer II( $Mg^{2+}$ plus) | 5.0 μL |
| TaKaRa LA Taq (5 U/μL) | 0.5 μL |
| AP1 Primer(100 pmol/μL) | 1.0 μL |
| PepT1 R2 Primer(10 pmol/μL) | 1.0 μL |
| $dH_2O$ | 33.5 μL |
| 总体积 | 50.0 μL |

第二轮 PCR 反应条件如下：

(1)(94℃，30 s；65℃，1 min；72℃，3 min；94℃，30 s；65℃，1 min；72℃，3 min；94℃，30 s；44℃，1 min；72℃，3 min)15 Cycles。

(2)72℃，10 min。

5. 第三轮 PCR 反应液按表 1－3 配制：

**表 1－3　第三轮 PCR 反应液配制**

| 试剂 | 使用量 |
|---|---|
| 第二轮 PCR 反应液 | 1.0 μL |
| dNTP Mixture(2.5 mmol/L each ) | 8.0 μL |
| 10 × LA PCR Buffer II( $Mg^{2+}$ plus) | 5.0 μL |
| TaKaRa LA Taq (5 U/μL) | 0.5 μL |
| AP1 Primer(100 pmol/μL) | 1.0 μL |

续表 1－3

| 试剂 | 使用量 |
| --- | --- |
| PepT1 R3 Primer(10 pmol/μL) | 1.0 μL |
| $dH_2O$ | 33.5 μL |
| 总体积 | 50.0 μL |

第三轮 PCR 反应条件如下：

(1)(94℃，30 s；65℃，1 min；72℃，3 min；94℃，30 s；65℃，1 min；72℃，3 min；94℃，30 s；44℃，1 min；72℃，3 min)15 Cycles。

(2)72℃，10 min。

6. 配制 1% 琼脂糖凝胶，取上述各步 PCR 反应产物进行电泳检测，取条带单一产物进行测序。

7. 将测序结果与已知的 PepT1 基因 DNA 序列进行拼接比对，获得 PepT1 启动序列。

## 五、实验结果与分析

### (一) 实验结果

1. 测定草鱼肠道基因组 DNA 浓度和 *A*260/*A*280 值。
2. 观察并拍下 PCR 产物琼脂糖凝胶电泳图。

### (二) 思考题

1. 请分析肠道基因组 DNA 质量和浓度是否会影响后续启动子序列克隆？
2. 如果四种 AP 引物都没有扩增得到清晰条带，原因是什么？

# 实验七　植物组织总 RNA 提取与检测

## 一、实验目的

学习和掌握从植物组织中提取 RNA 的基本原理和实验方法。

## 二、实验原理

细胞中的 RNA 可分为信使 RNA、转运 RNA 和核糖体 RNA 三大类。不同组织总 RNA 提取实质就是将细胞裂解，释放出 RNA，并通过不同方式去除蛋白质、DNA 等杂质，最终获得高纯 RNA 产物的过程。完整 RNA 的提取和纯化，是进行 RNA 方面研究工作(如 Nothern 杂交、mRNA 分离、RT－PCR、定量 PCR、cDNA 合成及体外翻译等)的前提。所有 RNA 提取过程中都有五个关键点，即样品细胞或组织的有效破碎、有效地使核蛋白复合体变性、对内源 RNA 酶的有效抑制、有效地将 RNA 从 DNA 和蛋白质混合物中分离、对于多糖含量高的样品还牵涉到多糖杂质的有效除去。但其中最关键的是抑制 RNA 酶活性。本实验中我们采用一系列裂解液裂解组织、细胞，抑制 RNA 酶，释放 RNA，调节结合条件之后，通过硅胶膜特异性吸附 RNA，多次漂洗去除 DNA、蛋白质及其他杂质，最后经低盐溶液洗脱，并最终得到 RNA。

## 三、仪器与试剂

### (一)材料和仪器

植物幼嫩组织、核酸蛋白分析仪(带微量比色皿)、高速冷冻离心机、移液器、电泳仪、研钵、钢药匙、剪刀、无酶离心管等。

### (二)试剂

EasyWay RNA Amylose Plant Mini Kit 试剂盒、过滤柱及收集管(黄色)、离心柱及收集管(红色)。

## 四、实验步骤

1. 实验准备。

(1)1.5 mL 离心管进行无菌无酶处理：将 1.5 mL 离心管放入无菌水加焦碳酸二乙酯(DEPC)至 0.01%，浸泡过夜并高压灭菌。

(2)研钵、钢药匙、剪刀用锡箔纸包好，于 150℃烘烤 4 h。

(3)实验开始前，将水浴锅加热至 65℃。

2. 组织匀浆。

(1)取无菌无酶 1.5 mL 离心管，称重并记录每管重量。

(2)液氮冷冻，将足够多样品充分研磨，液氮挥发尽时研磨力度要大，取样品粉末(不超过 100 mg)。

3. 细胞裂解与相分离。

(1)在离心管中加入 600 μL RLL 溶液和 6 μL 的 β－巯基乙醇混匀，盖上印管盖，并在 65℃水浴 10 min(期间上下颠倒混匀)。

(2)加 350 μL 的 Buffer RL，充分混匀(反复快速振摇)，冰上放置 5 min。

(3)高速(14000 r/min，达不到的 12500 r/min 即可)离心 5 min，将上清液转移(约 800 μL)到含收集管的过滤柱内(黄色)，10000 r/min 离心 1 min。

4. RNA 吸附分离。

(1)取上清液于 1.5 mL 无酶离心管中；加 400 μL 异丙醇，轻轻混匀，并将溶液转移到含收集管的离心柱内(红色)，需要加两次才能完全转移。

(2)12000 r/min 离心 30 s，将收集管内的溶液倒掉，离心柱(红色)再放回收集管内。

(3)加 700 μL 的 RWI 溶液到离心柱(红色)内，12000 r/min 离心 30 s，倒去收集管内的液体，将离心柱(红色)重新放回收集管内。

5. 洗涤。

(1)加 500 μL 的 RPE 于离心柱(红色)内，12000 r/min 离心 30 s。

(2)重复上一步骤一次：加 500 μL 的 RPE 于离心柱(红色)内，12000 r/min 离心 30 s。

6. RNA 洗脱与收集。

(1)高速离心(13000 ~ 14000 r/min，达不到的12500 r/min即可)2 min后，将离心柱(红色)置于一干净无酶的1.5 mL离心管中。

(2)加入50 μL RNase - free water于离心柱的滤膜中央，静置1 ~ 3 min，10000 r/min离心1 min，则溶液中含有总RNA。

7. RNA检测。

(1)取1 μL总RNA溶液稀释100倍。用核酸蛋白分析仪，测出RNA的浓度。(对照及样品稀释液请使用10 mmol/L Tris，pH 7.5。)

(2)电泳检测。

(3)RNA溶液置于 -20℃保存。

## 五、实验结果与分析

### (一)实验结果

1. 记录核酸蛋白分析仪中$A_{260}/A_{280}$数值并分析所得RNA质量，读数3次，取平均值。

2. 计算得率(数值为0.5 ~ 4 μg RNA/mg组织)。

组织量：mg组织

RNA浓度：μg/mL

得率 = RNA浓度 × 溶剂体积(50 μL)/组织量(mg)

= 测量值(μg/mL) × 50 μL/组织量(mg)

= μg RNA/mg组织

### (二)思考题

1. 简述测定RNA浓度时，计算$A_{260}/A_{280}$有何意义。

2. 试分析如何从植物组织中获得高质量的RNA。

# 实验八　动物组织总 RNA 提取与检测

## 一、实验目的

学习和掌握从动物组织中提取 RNA 的基本原理和实验方法。

## 二、实验原理

TRIzol 试剂中的主要成分为异硫氰酸胍和苯酚，其中异硫氰酸胍可裂解细胞，促使核蛋白体的解离，使 RNA 与蛋白质分离，并将 RNA 释放到溶液中。当加入氯仿时，它可抽提酸性的苯酚，而酸性苯酚可促使 RNA 进入水相，离心后可形成水相层和有机层，这样 RNA 与仍留在有机相中的蛋白质和 DNA 分离开。水相层(无色)主要为 RNA，有机层主要为 DNA 和蛋白质。收集上面的的水样层后，RNA 可以通过异丙醇沉淀来还原。利用 75% 乙醇洗涤 RNA 沉淀后，加入适量的 RNase - free 水溶解，通过琼脂糖凝胶电泳和核酸蛋白定量仪检测 RNA 的质量和浓度。

## 三、仪器与试剂

### (一) 材料和仪器

离心机、移液器、无酶枪头、研钵、剪刀、无酶离心管、电泳仪和核酸蛋白定量仪等。

### (二)试剂

TRIzol 试剂、氯仿、异丙醇、75% 乙醇(DEPC - $H_2O$ 配制)和 RNase - free water 等。

## 四、实验步骤

### (一)RNA 的提取

1. 将超低温冻结的动物组织材料称量后迅速转移至用液氮预冷的研钵中,用研杵研磨组织,其间不断加入液氮,直至将组织研磨成粉末状。可以向研钵中加入与样品匀浆量匹配的适量 RNAiso Plus(1 mL/100 mg)。对于新鲜的组织样品,立即加入 RNAiso Plus,充分匀浆。

2. 将匀浆液转移至无酶离心管中,室温静置 5 min。

3. 12000 × g,4℃离心 5 min。

4. 小心吸取上清液,移入新的离管中(切勿吸取沉淀)。

5. 向上述步骤 4 的匀浆裂解液中加入氯仿(RNAiso Plus 的 1/5 体积量),盖紧离心管,混匀。

6. 室温静置 5 min。

7. 12000 × g,4℃离心 15 min。从离心机中取出离心管,此时匀浆液分为三层即:无色的上清液(含 RNA)、白色的中间层(大部分为 DNA)及带有颜色的下层有机相(蛋白质)。

8. 吸取上清液转移至另一新的离心管中(切勿吸出白色间层)。

9. 向上清液中加入等体积的异丙醇,上下颠倒离心管充分混匀后,室温静置 10 min。

10. 12000 × g,4℃离心 15 min。一般在离心后,试管底部会出现 RNA 沉淀。

11. 小心弃去上清液,切勿触及沉淀。加入与上清液等量的 75% 的乙醇。轻轻上下颠倒使沉淀悬浮,7500 × g,4℃离心 5 min 后小心弃去上清。

12. 打开离心管盖,室温干燥沉淀,然后加入 50 μL 的 RNase - free 水溶解沉淀(图 1 - 2)。

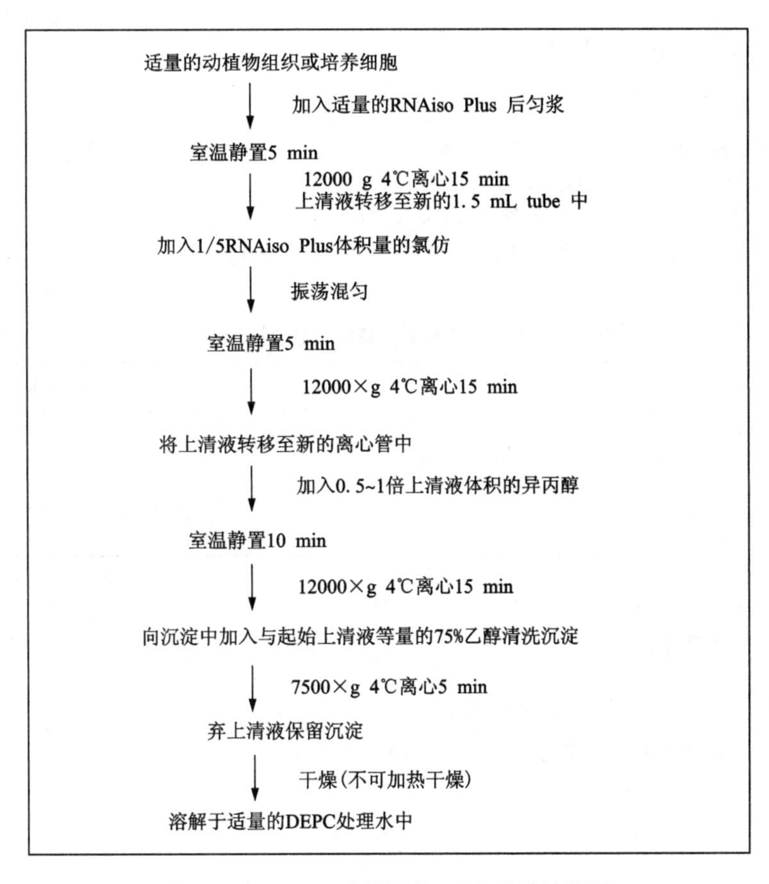


**图 1－2　TRIzol 法提取总 RNA 实验流程图**

## (二)RNA 的检测

1. 用琼脂糖凝胶电泳(1%琼脂糖＋溴乙锭)分析：取 1 μL 总 RNA 溶液稀释 10 倍，电泳检测条带的完整性。

2. RNA 浓度检测：取 1 μL 总 RNA 溶液稀释 100 倍。用核酸蛋白分析仪，测出 RNA 的浓度(对照及样品稀释液请用 10 mM Tris，pH 7.5)。

## 五、实验结果与分析

### (一)实验结果

1. 观察并拍下 RNA 琼脂糖凝胶电泳图并分析 RNA 的质量。
2. RNA 浓度测量值读数 3 次，取平均值(表 1-4)。

**表 1-4　RNA 的浓度 3 次测量值**

| 样品 | $A_{260}$ | $A_{280}$ | $A_{260}/A_{280}$ |
|---|---|---|---|
| | | | |
| | | | |
| | | | |

### (二)思考题

1. 谈谈实验成功的经验或失败的原因。
2. 如何在 RNA 提取过程中防止 RNase 的污染?

# 第二篇 基因工程实验

# 实验九　荧光定量 PCR 技术检测草鱼 PepT1 mRNA 表达

## 一、实验目的

了解实时荧光定量 PCR 检测 mRNA 相对表达量的基本原理。
掌握实时荧光定量 PCR 检测 mRNA 相对表达量的操作方法。

## 二、实验原理

实时荧光定量 PCR 技术，是指在 PCR 反应体系中加入荧光基团，利用荧光信号积累实现对整个 PCR 进程的实时监测，从而对起始模板进行定量分析的方法。在实时荧光定量 PCR 反应中，引入了一种荧光化学物质，并且在 PCR 每个循环都收集数据，建立实时扩增曲线，准确地确定 *Ct* 值(threshold cycle value)，从而根据 *Ct* 值确定起始 DNA 拷贝数，做到了真正意义上的定量。本实验采用嵌合荧光检测法来进行定量 PCR 检测。具体来说是利用 SYBR Green I 与双链 DNA 结合后发出荧光，通过检测反应体系中的 SYBR Green I 荧光强度，达到检测 PCR 产物扩增量的目的，具体原理见图 2 - 1。

## 三、仪器与试剂

### (一) 材料和仪器

实时荧光定量 PCR 仪、移液器、枪头、PCR 管和离心机等。

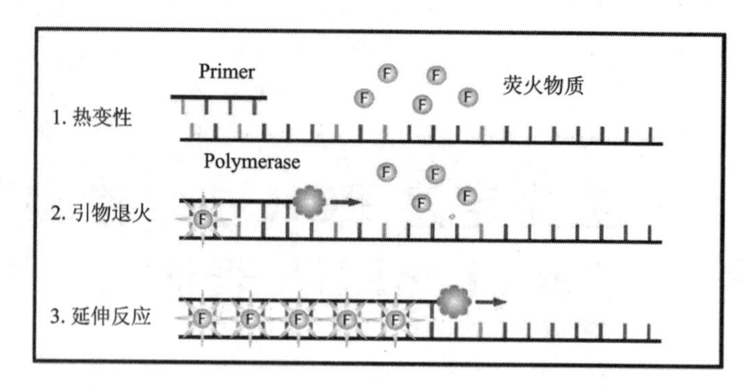


图 2-1　SYBR Green I 检测基因表达原理图

## (二)试剂

PrimeScript™ RT reagent Kit with gDNA Eraser（Perfect Real Time）、引物、SYBR® Premix Ex Taq™(Tli RNaseH Plus)和 $ddH_2O$ 等。

# 四、实验步骤

## (一)样品 cDNA 合成

1. 去除基因组 DNA 反应。

按表 2-1 于冰上配制反应混合液，为了保证反应液配制的准确性，进行各项反应时，应先按(反应数+2)的量配制 Master Mix，然后再分装到每个反应管中，最后加入 RNA 样品。反应在 PCR 上进行(42℃, 2 min), 4℃结束。

表 2-1　去除基因组 DNA 反应体系

| 试剂 | 使用量 |
|---|---|
| 5×gDNA Eraser Buffer | 2.0 μL |
| gDNA Eraser | 1.0 μL |
| Total RNA | $X$ μL |
| RNase Free $dH_2O$ | $(7-X)$ μL |

注意：$X$ 根据所提取的 RNA 浓度计算，本实验使用 1 μg 的 Total RNA。

2. 反转录反应。

反应液按表 2-2 配制，要操作在冰上进行。为了保证反应液配制的准确性，进行各项反应时，应先按(反应数+2)的量配制 Master Mix，然后再分装 10 μL 到每个反应管中。反应在 PCR 上进行(37℃，15 min；85℃，5 s)，4℃结束。

**表 2-2　反转录反应体系**

| 试剂 | 使用量 |
| --- | --- |
| 步骤 1 的反应液 | 10.0 μL |
| PrimeScript RT Enzyme Mix 1 | 1.0 μL |
| RT Primer Mix | 1.0 μL |
| 5 × PrimeScript Buffer 2 (for Real Time) | 4.0 μL |
| RNase Free $dH_2O$ | 4.0 μL |
| Total | 20.0 μL |

注意：合成的 cDNA 需要长期保存时，请于-20℃或更低温度

## (二)实时荧光定量 PCR 反应

1. 按表 2-3 配置 PCR 反应液(配制请在冰上进行)。

**表 2-3　实时荧光定量 PCR 反应体系**

| 试剂 | 使用量 |
| --- | --- |
| SYBR Premix Ex Taq (Tli RnaseH Plus) | 10.0 μL |
| GeneForward Primer (10 μmol/L) | 0.5 μL |
| GeneReverse Primer (10 μmol/L) | 0.5 μL |
| cDNA 模板 | 1.0 μL |
| $dH_2O$ | 8.0 μL |
| Total | 20.0 μL |

2. 进行 Real Time PCR 反应。

建议采用下列 PCR 反应程序，如果该程序得不到良好的实验结果时，再进行 PCR 条件的优化。

Stage 1：预变性

95℃　30 s

1 Cycle

Stage 2：PCR 反应

95℃ 30 s

60℃ 20 s

40 Cycles

Stage 3：熔解曲线

95℃ 15 s

60℃ 1 min

95℃ 15 s

3. 荧光定量 PCR 反应结束后，根据收集到的目的基因与内参基因的 *Ct* 值，运用 $2^{-\Delta\Delta Ct}$ 方法进行计算，用 Excel 2007 对实验结果进行计算处理。

## 五、实验结果与分析

### (一) 实验结果

计算 PepT1 mRNA 在草鱼不同组织中的表达水平并绘制杉状状图。

### (二) 思考题

1. 思考如何设计实时荧光定量 PCR 的引物？

2. 实时荧光定量 PCR 实验中，常见的内参基因有哪些？

# 实验十　PCR 技术扩增基因

## 一、实验目的

学习 PCR 反应(聚合酶链式反应, polymerase chain reaction)的基本原理与实验技术。

## 二、实验原理

DNA 模板在引物、dNTP、适当缓冲液(含 $Mg^{2+}$)的反应混合物中, 由与其互补的一对寡核苷酸引物引导, 在热稳定 DNA 聚合酶(Taq 酶)的催化下, 对两引物之间的目的 DNA 片段进行扩增。这种扩增以模板 DNA 与引物之间的高温变性、低温退火、中温延伸三步反应为一周期, 循环进行, 使目的 DNA 片段得以扩增。由于每一周期所产生的 DNA 片段均能成为下一次循环的模板, 故 PCR 产物以指数方式增加, 经 25 ~ 30 个周期后, 目的 DNA 片段的数量可扩增上百万倍。

标准的 PCR 过程分为三步:

1. 模板 DNA 变性(90 ~ 95℃)。

双链 DNA 模板在高温作用下, 氢键断裂, 形成单链 DNA。

2. 退火(45 ~ 80℃)。

系统温度降低, 引物与 DNA 模板结合, 形成局部双链。

3. 延伸(70 ~ 75℃)。

在 DNA 聚合酶(Taq 酶, 在 72℃左右最佳的活性)的作用下, 以 dNTP 为原料, 靶序列为模板, 按碱基配对及半保留复制原理, 从引物的 5′端→3′端延伸, 合成与模板互补的 DNA 链。

每一循环经过变性、退火和延伸三步, DNA 含量即增加一倍。在适当的条件下，这种循环不断重复，前一循环的产物 DNA 可作为后一循环的模板 DNA 参与 DNA 的合成，使产物 DNA 的量按 $2^n$ 扩增。经 25～30 个循环后，产物 DNA 片段的数量可扩增上百万倍（甚至可以达到 $10^9$）。

## 三、仪器与试剂

### （一）材料和仪器

PCR 热循环仪、琼脂糖凝胶电泳系统、凝胶成像系统、PCR 管、枪头、微量移液器、琼脂糖、50 TAE、核酸染料、DNA 上样缓冲液等。

### （二）试剂

10 × PCR 缓冲液（含 $Mg^{2+}$）、dNTP Mix（10 mmol/L）、引物 P1（10 mmol/L）、引物 P2（10 mmol/L）、模板 DNA、Taq DNA 聚合酶。

## 四、实验步骤

1. 取 200 μL PCR 管，按表 2－4 顺序依次加样（体积要准）：

表 2－4　各试剂使用量

| 试剂 | 使用量 |
|---|---|
| $dH_2O$ | 16.8 μL |
| 10 × PCR 缓冲液（含 $Mg^{2+}$） | 2.5 μL |
| 10 mmol/L dNTP Mix | 2.5 μL |
| 10 mmol/L 引物（P1） | 1.0 μL |
| 10 mmol/L 引物（P2） | 1.0 μL |
| 模板 DNA | 1.0 μL |
| Taq DNA 聚合酶 | 0.2 μL |
| 总体积 | 25.0 μL |

2. 加样时先加灭菌水，加到管底，其余成分均需加入液面以下，最后放在冰盒上加 Taq 酶，加入后用手指轻轻弹匀，掌上离心机离心。

3. 设定 PCR 仪（预热）程序，放入样品，进行扩增：

| | | | |
|---|---|---|---|
| 94℃ | 5 min | 预变性 | 充分打开 DNA 二级结构 |
| 94℃ | 1 min | 变性 | 30 个循环 |
| 52 ~ 55℃ | 1 min | 退火 | |
| 72℃ | 2 min | 延伸 | |
| 72℃ | 10 min | 终延伸 | 确保充分延伸 |
| 4℃ | + ∞ | | |

4. 扩增完成后，取出样品，保存于4℃，琼脂糖凝胶电泳检测。

## 五、注意事项

1. 试剂小量分装，专用。防止反复冻融，影响质量。
2. 枪头及 EP 管灭菌，一次性使用。注意换枪头，防止交叉污染。
3. 器皿及工作区域要分开，无菌操作，防止杂菌和其他杂 DNA 污染。
4. 装有 PCR 试剂的微量离心管打开之前，应先在微量离心机上瞬时离心（10 s）。使液体沉积于管底，减少污染机会。
5. 设立对照：
   阳性对照：阳性模板。
   阴性对照：阴性模板。
   试剂对照：加入除模板外的所有组分（最后做，检测是否污染）。

## 六、实验结果与分析

### （一）实验结果

PCR 扩增产物的琼脂糖凝胶电泳结果。

### （二）思考题

如何提高 PCR 反应的特异性，减少非特异性条带的产生？

# 实验十一　RACE 技术获得目的基因 cDNA 全长序列

## 一、实验目的

学习和掌握利用 RACE 技术快速获得目的基因全长 cDNA 序列的方法。

## 二、实验原理

RACE(rapid - amplification of cDNA ends)是通过 PCR 进行 cDNA 末端快速克隆的技术，是目前获得 cDNA 完整序列最常用的方法之一。它能从转录本中快速获得 cDNA 5′和 3′全长末端，具有快捷、方便、高效等优点。本研究采用 Takara 公司的 5′ - Full RACE Kit 和 3′ - Full RACE Core Set Ver. 2.0 分别制备5′RACE (图 2 - 2)和 3′RACE(图 2 - 3)模板，然后设计基因特异性引物进行 PCR，通过琼脂糖凝胶电泳确定 RACE 产物，通过测序最终获得基因 cDNA 全长序列。

## 三、仪器与试剂

### (一)材料和仪器

离心机、移液器、枪头、研钵、剪刀、离心管、电泳仪和核酸蛋白定量仪等。

### (二)试剂

RACE 试剂盒、ExTaq 聚合酶、1 × TAE 缓冲溶液、琼脂糖、DNA Marker、6 × DNA Loading Buffer 和 RNase - free water 等。

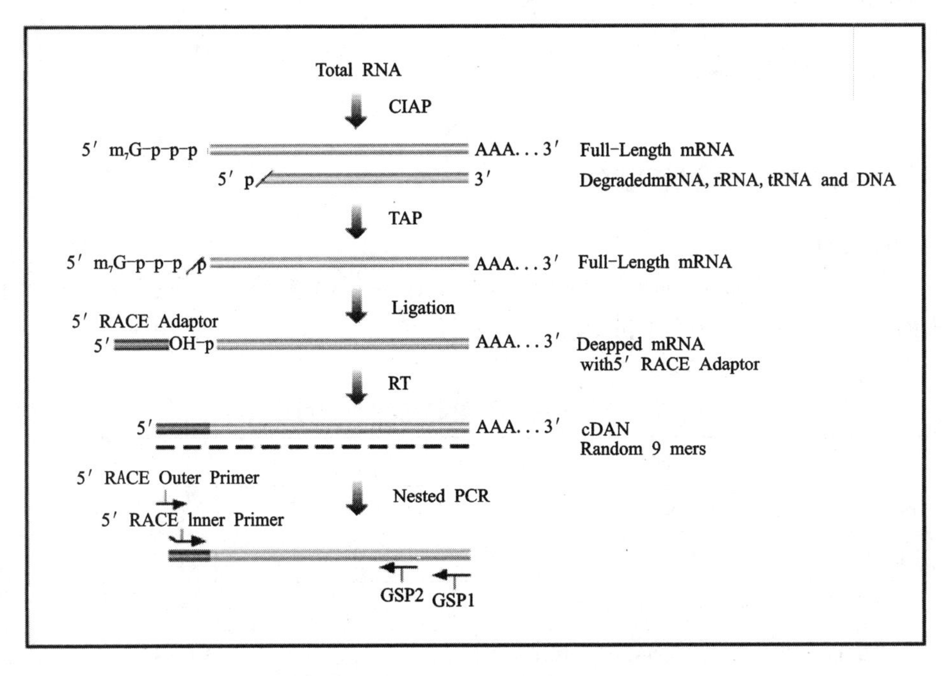


**图2-2　5′RACE 实验原理图**

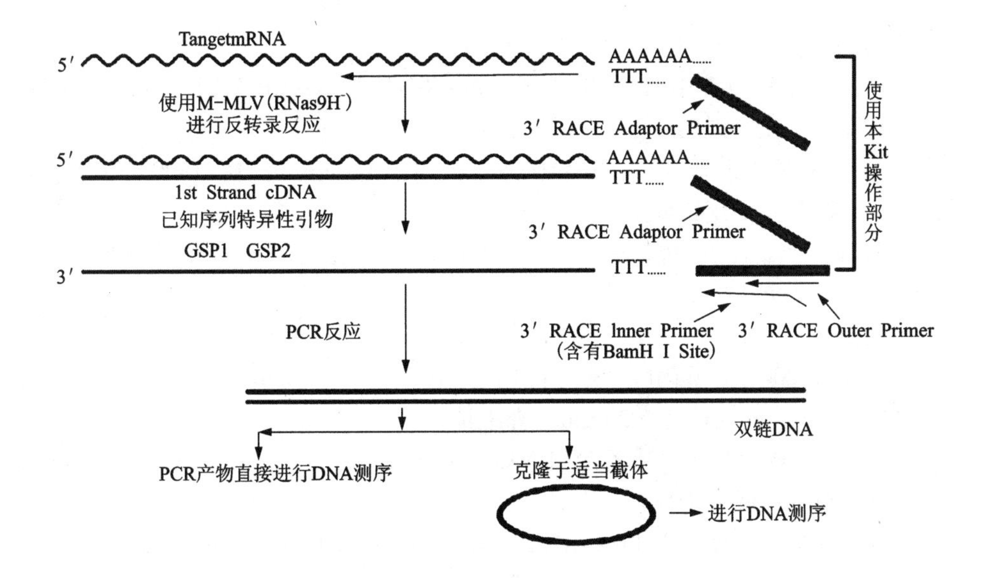


**图2-3　3′RACE 实验原理图**

## 四、实验步骤

### (一)5′RACE 模板制备

1. 去磷酸化处理。

(1)使用 Alkaline Phosphatase(CIAP)对 Total RNA 中裸露的5′磷酸基团进行去磷酸反应。按表2-5组份配制去磷酸反应液。

表2-5　配制去磷酸反应液各试剂用量

| 试剂 | 使用量 |
|---|---|
| Total RNA(1 μg/μL) | 2 μL |
| RNase Inhibitor(40 U/μL) | 1 μL |
| 10×Alkaline Phosphatase Buffer(MgCl$_2$ Free) | 5 μL |
| Alkaline Phosphatase(Calf intestine)(16 U/μL) | 0.6 μL |
| RNase Free H$_2$O Up to | 50 μL |

(2)50℃反应1 h，按下述方法。

(3)向上述反应液中加入20 μL 3 mol/L CH$_3$COONa(pH 5.2)，130 μL RNase Free dH$_2$O 后，充分混匀。

(4)加入200 μL 苯酚/氯仿/异戊醇(25∶24∶1)，充分混匀后13000×g 室温离心5 min，将上层水相转移至新的 Microtube 中。

(5)加入200 μL 氯仿，充分混匀后13000×g 室温离心5 min，将上层水相转移至新的 Microtube 中。

(6)加入2 μL NA Carrier 后均匀混合。

(7)加入200 μL 异丙醇，充分混匀后，冰上冷却10 min。

(8)13000×g、4℃离心20 min，弃上清液。

(9)加入500 μL 70%冷乙醇(RNase Free dH$_2$O 配制)漂洗，13000×g、4℃离心5 min，弃上清液后干燥。

(10)加入7 μL RNase Free dH$_2$O 溶解沉淀，得到 CIAP-treated RNA。

2. “去帽子”反应。

使用 Tobacco Acid Pyrophosphatase (TAP)去掉 mRNA 的5′帽子结构，保留一个磷酸基团。按表2-6组份配制“去帽子”反应液：

表 2 -6　配制“去帽子”反应液各试剂用量

| 试剂 | 用量 |
| --- | --- |
| CIAP - treated RNA | 7 μL |
| RNase Inhibitor(40 U/μL) | 1 μL |
| 10 × TAP Reaction Buffer | 1 μL |
| Tobacco Acid Pyrophosphatase(0.5 U/μL) | 1 μL |
| Total | 10 μL |

37℃反应 1 h，此反应液为 CIAP/TAP - treated RNA。取 5 μL 用于 5′RACE Adaptor 连接反应，剩余的 5 μL 保存于 -80℃。

3. 5′RACE Adaptor 的连接。

(1)首先按表 2 -7 配制溶液。

表 2 -7　溶液各试剂用量

| 试剂 | 用量 |
| --- | --- |
| CIAP/TAP - treated RNA | 5 μg |
| 5′RACE Adaptor(15 μmol/L) | 1 μL |
| RNase Free $H_2O$ | 4 μL |

(2)65℃保温 5 min 后冰上放置 2 min，然后加入下列试剂：RNase Inhibitor (40 U/μL) 1 μL、5 × RNA Ligation Buffer 8 μL、40% PEG#6000 20 μL、T4 RNA Ligase(40 U/μL) 1 μL。

(3)16℃反应 1 h。

(4)将上述反应液按 (1)步骤操作。

(5)加入 6 μL 的 RNase Free $dH_2O$ 溶解沉淀，得到 Ligated RNA。

4. 反转录反应。

(1)按表 2 -8 组份配制反转录反应液。

表 2 -8　配制反转录反应液各试剂用量

| 试剂 | 用量 |
| --- | --- |
| Ligated RNA | 6 μL |
| Random 9 mers(50 μmol/L) | 0.5 μL |

**续表 2 -8**

| 试剂 | 用量 |
| --- | --- |
| 5mol/L - MLV Buffer | 2 μL |
| dNTP(10 mmol/L each) | 1 μL |
| RNase Inhibitor(40 U/μL) | 0.25 μL |
| Reverse Transcriptase mol/L - MLV(RNase H - )(200 U/μL) | 0.25 μL |
| Total Volume | 10 μL |

首先将 Ligated RNA 和 Random 9 mers 的混合物于 70℃变性 10 min 后，冰上放置 2 min，再加入反转录反应的其余试剂进行如下反转录反应。

(2)反转录反应条件如下：30℃ 10 min，42℃ 1 h，70℃ 15 min

(3)反应结束后可以进行下一步实验，或将反应液保存于 -20℃。

## (二)3′RACE 模板制备

反转录反应体系如表 2 -9 所示。

**表 2 -9　反转录体系**

| 试剂 | 用量 |
| --- | --- |
| RNA(1 μg/μL) | 1 μL |
| 3′RACE Adaptor(5 μmol/L) | 1 μL |
| 5mol/L - MLV Buffer | 2 μL |
| dNTP Mixture(10 mmol/L each) | 1 μL |
| RNase Inhibitor(40 U/μL) | 0.25 μL |
| Reverse Transcriptase mol/L - MLV(RNase H - )(200 U/μL) | 0.25 μL |
| RNase Free $dH_2O$ | 4.5 μL |
| Total | 10 μL |

首先将 RNA 和引物的混合物 70℃、10 min，冰上急冷，然后再加入反转录反应的其余试剂，进行 42℃、60 min，70℃、15 min 转录反应。反应结束后可以进行下一步实验或将反应液保存于 -20℃。

### （三）基因 5′/3′ PCR 扩增

通过搜索草鱼肠道 EST 数据库（未发表），获得相关基因 EST 序列，利用 Primer Premier 5.0 软件设计 5′/3′ RACE 引物。PCR 反应如下：

第一轮 PCR 按表 2－10 体系配制：

表 2－10　第一轮 PCR

| 试剂 | 用量 |
|---|---|
| 10 × PCR buffer | 5 μL |
| dNTPs（10 mmol/L each） | 4 μL |
| Sense Primer（10 mmol/L） | 3 μL |
| Antisense primer（10 mmol/L） | 3 μL |
| Ex Taq polymerase（5U/μL） | 0.5 μL |
| cDNA 模板 | 1 μL |
| 灭菌水 | 33.5 μL |
| Total | 50 μL |

反应程序为：94 ℃、3 min，（94 ℃、30 s，55℃、30 s，70 ℃、2 min）循环 32 次，72℃、10 min。

### （四）RACE 产物测序

PCR 反应结束后，5′/3′RACE 产物用 1.0% 琼脂糖凝胶电泳检测。经凝胶电泳后确定目的片段，送检测公司测序。将测序得到的 5′/3′端 cDNA 序列以及已知的中间片段序列进行拼接，得到目的基因的全长 cDNA 序列。

## 五、实验结果与分析

### （一）实验结果

1. 观察并拍下 RACE 产物琼脂糖凝胶电泳图并分析其原因。
2. 拼接 RACE 产物序列以及中间片段序列得到 cDNA 全长序列。

### (二)思考题

1. RACE 技术成功的关键是什么?
2. 如何获得高质量的 RACE 模板?

# 实验十二　PCR 产物的回收与纯化

## 一、实验目的

掌握琼脂糖凝胶电泳分离 DNA 方法；掌握 PCR 产物回收和纯化方法 。

## 二、实验原理

在琼脂糖凝胶电泳中，DNA 片段在电场中向正极移动，DNA 分子的迁移速度与其相对分子质量成反比。电泳结束后，在紫外线激发下，插入荧光染料的 DNA 片段发出荧光，可以确定 DNA 条带在凝胶中的位置。琼脂糖凝胶电泳后，用 DNA 凝胶回收试剂盒回收纯化 PCR 产物，其原理是：在紫外灯下切割目的条带，然后转移到离心管中，加入凝胶融化液，凝胶块中的 DNA 释放出来，再经过过柱，DNA 片段被吸附到柱上，与溶液其他成分分开。经过乙醇洗涤杂质后，用 TE 缓冲液洗涤柱子即可回收目的 DNA 片断。

## 三、仪器与试剂

### (一) 材料和仪器

刀片、电泳仪、电泳槽、移液器、枪头、紫外观察分析仪、凝胶成像系统、水浴锅、微波炉、离心机等。

### (二) 试剂

1 × TAE、核酸染料、DNA Marker、琼脂糖、6 × loading buffer 和 DNA 回收纯

化试剂盒等。

## 四、实验步骤

### (一)DNA 片段回收和纯化

用 HiPure Gel Pure DNA Kits 试剂盒纯化 PCR 扩增非特异性条带产物，操作步骤如下：

1. 用 1 × TAE 电泳缓冲液配制 1% 的琼脂糖凝胶，电泳分离 DNA 片段。电泳结束后，把凝胶放置于紫外灯下，快速切下含目的 DNA 片段的凝胶，并尽量去除多余的凝胶。

2. 称取凝胶块的重量，并转移至 1.5 mL 离心管中。按 100 mg 凝胶块相当 100 μL 计算，加入 3 倍体积 Buffer GDP。55℃水浴 10 min，让凝胶块完全熔解。水浴期间，颠倒混匀 2 次。

3. 短暂离心收集管壁上的液滴，分两次转移，每次取约 700 μL 熔胶液转移至柱子中，10000 × g 离心 60 s。

4. 倒弃滤液，加入 750 μL Buffer DW2(已用无水乙醇稀释)至柱子中。10000 × g离心 60 s。

5. 重复操作步骤 4。

6. 倒弃滤液，12000 × g 离心 2 min。

7. 把柱子套在 1.5 mL 离心管中，加入 50 μL 灭菌去离子水至柱子膜中央。放置 2 min，12000 × g 离心 1 min。丢弃柱子，把 DNA 保存于 -20℃。

### (二)DNA 片段回收效果检测

1. 用 1% 琼脂糖凝胶电泳分析：取 3 ~ 5 μL 回收的 DNA 片段电泳检测回收效果。

2. 目的 DNA 片段浓度检测：取 1 μL DNA 产物。用核酸蛋白分析仪，测定 DNA 的浓度。

## 五、实验结果与分析

### （一）实验结果

1. 观察并拍下 DNA 琼脂糖凝胶电泳图并分析 DNA 的质量。
2. DNA 浓度测量值读数 3 次，取平均值。

### （二）思考题

1. 如何有效提高凝胶纯化 PCR 产物的效率？
2. PCR 产物回收后出现杂带的原因是什么？

# 实验十三　大肠杆菌感受态细胞的制备及质粒 DNA 的转化

## 一、实验目的

掌握氯化钙法制备大肠杆菌感受态细胞的原理及质粒 DNA 转化的方法。

## 二、实验原理

感受态是细菌最易吸收外源 DNA 片段的生理状态。它是由受体菌的遗传性状所决定的，同时也受菌龄、外界环境因子的影响。可将外源质粒 DNA 或以其为载体构建的重组子引入处于感受态的受体细菌，使其高效表达外源基因或直接改变其遗传性状，完成转化过程。

最简便易行的感受态细胞制备方法是 $CaCl_2$ 法，其原理是将对数生长期的大肠杆菌置于 0℃的 $CaCl_2$ 的低渗溶液中，使菌体膨胀成球形，$Ca^{2+}$ 还可与转化混合物中的 DNA 形成抗 DNase 的羟基－钙磷酸复合物黏附于细胞外表面，经 42℃短时间热冲击处理，使细菌胞膜的液晶结构发生变化，出现较多孔隙，使菌体通透性增高，便于外源 DNA（如具有抗氨苄青霉素 Amp 特性的质粒 DNA）的进入。由于接受了该质粒的受体菌（转化子）具有抗氨苄青霉素的特性，故将经过转化后的全部受体细胞经过适当稀释，在含氨苄青霉素的平板培养基上培养，只有转化体才能存活，而未受转化的受体细胞则因无抵抗氨苄青霉素的能力而死亡。

## 三、仪器与试剂

### (一) 材料和仪器

大肠杆菌 DH5α、$Amp^+$重组质粒、超净工作台、台式高速冷冻离心机、恒温空气摇床、恒温培养箱、高温高压灭菌锅、微量移液器、接种环、1.5 mL EP 管、移液器吸头、制冰机、涂布棒、酒精灯等。

### (二) 试剂

LB 液体培养基(配制 1 L 培养基：在 950 mL 去离子水中加入胰蛋白胨 10 g、酵母提取物 5 g、NaCl 10 g，摇动容器直至溶质溶解，用 5 mol/L NaOH 调节 pH 至 7.0，用去离子水定容至 1 L，在 15psi 高压下蒸汽灭菌 20 min)、培养皿(已铺好含 1.5% 琼脂及 50 μg/mL Amp 的 LB 固体培养基)、胰蛋白胨、NaCl、酵母提取物、0.1 mol/L $CaCl_2$(过滤除菌)、甘油、琼脂粉等。

## 四、实验步骤

整个操作过程均应在无菌条件下进行，防止杂菌污染。

### (一) 菌株活化及培养

1. 在超净工作台中，用烧红并冷却的接种环直接取冻存的大肠杆菌 DH5α，在 LB 培养基平板表面划线，于 37℃恒温过夜培养 12 h 左右。

2. 挑取一个单菌落，转到 3 ~ 5 mL LB 培养基中，于 37℃下 200 r/min 过夜振荡培养。

3. 将该菌悬液以 1∶100 ~ 1∶50 比例转接到 100 mL LB 培养基中，37℃下 200 r/min摇床振荡扩大培养，当培养液开始出现混浊后，每隔 20 ~ 30 min 测一次 $A_{600}$，到 $A_{600}=0.4$ 左右(此时为大肠杆菌对数生长期)。

### (二) 感受态细胞的制备

1. 将细菌培养液转入 1.5 mL 离心管中，在冰上放置 10 min，让细菌停止生长(从这一步开始，所有操作均在冰上进行，速度尽量快而稳)。

2. 4℃、4000 r/min 离心 10 min，弃上清液。

3. 加入 1 mL 冰上预冷的 0.1 mol/L $CaCl_2$，轻轻悬浮沉淀，冰上放置 15 ~ 30 min。

4. 4℃、4000 r/min 离心 10 min，弃上清液。

5. 加入 500 μL 预冷的 0.1 mol/L $CaCl_2$，轻轻悬浮沉淀，冰浴 2 ~5 min。

6. 4℃、4000 r/min 离心 10 min，弃上清液。

7. 加入 0.1 mL 预冷的 0.1 mol/L $CaCl_2$，轻轻悬浮沉淀，即可用于质粒 DNA 的转化实验，也可加入含 15% 甘油的 0.1 mol/L $CaCl_2$，于 -70℃ 保存半年至一年。

## （三）质粒 DNA 的转化

1. 取 1 ~2 μLAmp⁺质粒（DNA 含量 ≤ 50 ng）加入 100 μL 大肠杆菌感受态细胞中，用枪吸打均匀，于冰上放置 30 min（吸附）。

同时做两管对照：

（1）对照组 1（检测感受态细胞是否有抗性或抗生素是否失活）：

2 mL 无菌双蒸水 + 感受态细胞→取 100 μL 涂 $Amp^+$ 板。

（2）对照组 2（检测感受态是否有正常活性）：

2 μL 无菌双蒸水 + 感受态细胞→ 高倍稀释，取 20 μL 涂不含 Amp 的空白 LB 平板。

2. 42℃水浴 90 s（热激）。

3. 冰上放置 2 min（转入）。

4. 加入 900 μL 空白 LB 液体培养基（不加抗生素）于 37℃ 摇床中慢速培养 45 ~60 min（自稳，表达）。

5. 将取 20 μL 培养液均匀涂布在含 $Amp^+$ 的培养基平板上（如果用玻璃棒涂抹，酒精灯烧过后稍微凉一下再用，不要过烫）。

6. 先将平板正放于培养箱中，待多余的液体完全吸收后，再将平板倒置于 37℃ 培养 12 ~14 h，然后观察结果，计算转化率（筛选）。

转化后在含抗生素的平板上长出的菌落即为转化子，统计每个培养皿中的菌落数，根据此皿中的菌落数可计算出转化子总数和转化率，公式如下：

（1）转化子总数 = 菌落数 × 稀释倍数 × 转化反应原液总体积/涂板菌液体积

（2）转化率（转化子数/每毫克质粒 DNA）= 转化子总数/质粒 DNA 加入量（mg）

（3）感受态细胞总数 = 对照组 2 菌落数 × 稀释倍数 × 菌液总体积/涂板菌液体积

（4）感受态细胞转化效率 = 转化子总数/感受态细胞总数 ×100%

## 五、注意事项

影响转化率的因素：

1. 细胞生长状态和密度

最好从－70℃或－20℃甘油保存的菌种中直接转接用于制备感受态细胞的菌液。不要用已经过多次转接及贮存在4℃的培养菌液。细胞生长密度以每毫升培养液中的细胞数在$5 \times 10^7$个左右为佳。细胞密度过高或不足均会使转化率下降。

2. 转化的质粒 DNA 的质量和浓度

用于转化的质粒DNA应主要是超螺旋DNA。转化效率与外源DNA的浓度在一定范围内成正比，但当加入的外源DNA的量过多或体积过大时，转化效率就会降低。

3. 试剂的纯度等级

所用的$CaCl_2$等试剂均需是最高纯度的，并用最纯净的水配制，过滤，最好分装保存于4℃。甘油须高压灭菌。

4. 防止杂菌和其他外源 DNA 的污染

整个操作过程均应在无菌条件下进行，所用器皿，如离心管、移液枪头等最好是新的，并经高压灭菌处理。所有的试剂都要灭菌，且注意防止被其他试剂、DNA 酶或杂 DNA 所污染，否则均会影响转化效率或杂 DNA 的转入。

5. 整个操作均需在冰上进行，不能离开冰浴，否则细胞转化率将会降低。

## 六、实验结果与分析

### (一)实验结果

画出实验结果的示意图并做分析，计算转化率。

### (二)思考题

如何提高感受态细胞的转化率？

# 实验十四　PCR 产物的 T－A 克隆技术

## 一、实验目的

掌握 PCR 产物的 T/A 克隆的原理及方法。

## 二、实验原理

在 PCR 过程中，大部分使用的 DNA 聚合酶在 PCR 扩增循环结束后，在扩增产物的 3 末端往往会加上 A；而对于使用高保真的 DNA 聚合酶，虽然不能在扩增产物的 3 末端加上 A，但是我们可以在 PCR 产物中加上一定量的普通 Taq 酶和反应液，加入 dATP，72℃ 恒温 10 min，会得到 3 末端加 A 的 PCR 产物。为了获得 PCR 产物的序列，我们通常可以将 PCR 获得的目的片段与 T 载体进行连接。在连接酶作用下，可以快速地把 PCR 产物直接插入到质粒 T 载体的多克隆位点中。将连接的产物转化到 DH5α 感受态细胞，通过菌液 PCR 筛选阳性克隆送生物测序公司，利用 T 载体通用引物测序从而获得目的基因片段的核苷酸序列。

## 三、仪器与试剂

### （一）材料和仪器

牙签、离心机、移液器、枪头、离心管、超净工作台、制冰机、恒温水浴槽等。

### （二）试剂

pMD19－T Vector、DH5α 菌株、LB 培养基、氨苄青霉素、Ex Taq 酶等。

## 四、实验步骤

1. 利用 Ex Taq 酶扩增目的基因序列，通过琼脂糖凝胶检测 PCR 产物，并利用产物回收纯化试剂盒获得目的 PCR 产物。

2. 在已灭菌的 PCR 管中配置下列连接反应液：pMD19 - T 1 μL，PCR 产物 0.1 ~0.3 pmol(T 载体：PCR 产物物质的量为 1∶10 ~ 1∶3)，去离子水补足到 5 μL。

3. 加入 5 μL(等量)的 Solution I 溶液。

4. 混匀，稍加离心，在恒温水浴槽中 16℃反应 12 ~14 h。

5. 将装有 100 μL DH5α 感受态细胞的离心管置于冰上，让其在冰浴中慢慢溶解。

6. 加入 10 μL 连接产物，混匀后，冰浴 30 min。

7. 在 42℃水浴中热处理 60 ~90 s。

8. 在冰上冷却 2 ~3 min，加入 700 μL LB 液体培养基，混匀后，37℃恒温振荡培养 1 h，然后涂布于含有 Amp 抗生素的 LB 固体培养基上，在 37℃倒置培养 16 h左右。

9. 用灭菌牙签挑取细菌平板上挑取单菌落于 1.5 mL 离心管中，加入 1 mL LB 液体培养基中，用摇床培养 6 ~8 h。

10. 以培养的菌液作为模板，利用 T 载体通用引物进行 PCR，通过琼脂糖凝胶电泳确定扩增产物大小，挑选阳性克隆测序。

## 五、实验结果与分析

### (一)实验结果

1. 琼脂糖凝胶检测菌液 PCR 产物电泳图。
2. 计算感受态细胞转化效率。

### (二)思考题

1. T - A 克隆前 PCR 产物纯化的原因是什么?
2. 如何确保 T - A 克隆的效率?

# 实验十五 重组 DNA 分子的筛选和鉴定

## 一、实验目的

掌握蓝白斑筛选鉴定重组 DNA 分子的技术和原理。

## 二、实验原理

pUC18 上带有β－半乳糖苷酶基因(LacZ)的调控序列和β－半乳糖苷酶 N 端 146 个氨基酸的编码序列。这个编码区中插入了一个多克隆位点。大肠杆菌 DH5α 菌株带有β－半乳糖苷酶 C－端部分序列的编码信息。在异丙基－β－D 硫代半乳糖苷(IPTG)的诱导下，宿主可同时合成这两种肽段，虽然它们各自都没有酶活性，但它们可以融为一体形成具有酶活性的β－半乳糖苷酶，从而将无色底物 X－gal 分解形成蓝色物质，在固体平板上形成蓝色的菌落。当外源片段插入到 pUC18 质粒的多克隆位点上后会导致读码框架改变，表达蛋白失活，产生的氨基酸片段失去 α－互补能力，因此，在同样条件下含重组质粒的转化子在诱导培养基上只能形成白色菌落。所以，有重组质粒的菌落为白色，而没有重组质粒的菌落为蓝色。

## 三、仪器与试剂

### (一)材料和仪器

牙签、PCR 仪、电泳仪、离心机、移液器、培养皿、离心管、超净工作台等。

### (二)试剂

T4 DNA 连接酶、X - gal、IPTG、pUC18 载体、DH5α 感受态、琼脂糖、限制性内切酶、Ex Taq 酶等。

## 四、实验步骤

1. 利用 T4 DNA 连接酶将目的 DNA 片段与 pUC18 载体进行连接，16℃过夜。

2. 将连接反应液转化 DH5α 感受态细胞，37℃恒温振荡培养 1 h，然后涂布于含有相应抗生素及 100 μL X - gal(20 mg/mL)和 20 μL IPTG(100 mmol/L)的 LB 固体培养基上，涂后晾干 15 min，于在 37℃培养 12 ~ 16 h。

3. 用无菌牙签随机挑取数个白色单菌落接种于含 Amp 的 50 mL LB 液体培养基中，37℃振荡培养 12 ~ 16 h。利用质粒提取试剂盒抽提质粒 DNA，然后用双酶切鉴定，反应体系见表 2 - 11：

**表 2 - 11　双酶切反应体系**

| | |
|---|---|
| 10 × buffer | 5 μL |
| 质粒(100 ng/μL) | 10 μL |
| 限制性内切酶 1 | 2.5 μL |
| 限制性内切酶 2 | 2.5 μL |
| 无菌水 | 30 μL |
| Total | 50 μL |

37℃酶切反应 6 h，将酶切产物用 1% 的琼脂糖凝胶电泳，分析电泳图谱，鉴定重组子。

4. 在 LB 平板上挑取白色单菌落接种于含 Amp 的 1 mL LB 液体培养基中，37℃振荡培养 6 ~ 8 h。在 0.2 mL PCR 微量离心管中按表 2 - 12 配制 25 μL 反应体系。

**表 2 - 12　菌落 PCR 反应体系**

| | |
|---|---|
| 10 × PCR buffer | 2.5 μL |
| dNTPs(10 mmol/L each) | 2 μL |
| Sense Primer(10 mmol/L) | 1 μL |
| Antisense primer(10 mmol/L) | 1 μL |
| Ex Taq polymerase(5U/μL) | 0.125 μL |
| 菌液 | 1 μL |
| 灭菌水 | 17.375 μL |
| Total | 25 μL |

在 ABI 梯度 PCR 仪上设置反应程序如下：94℃、3 min；30 个循环（94℃、30 s，55℃、30 s，72℃、2 min）；72℃、10 min。PCR 结束后，取 5 μL 产物进行琼脂糖凝胶电泳（与原始插入片断同时比对）。观察胶上是否有预计的主要产物带，同时将对应的阳性菌落送生物公司测序鉴定。

## 五、实验结果与分析

### （一）实验结果

1. 观察并拍下 LB 固体平板并计算白色和蓝色菌落比值。
2. 观察并分析双酶切和菌液 PCR 鉴定重组子的凝胶电泳图。

### （二）思考题

1. 蓝白斑筛选鉴定重组子是否存在假阳性？
2. 酶切法与 PCR 法筛选方案哪个更可靠？

# 实验十六　质粒 DNA 的提取

## 一、实验目的

掌握常用的质粒的提取方法(碱裂解法)操作过程及其原理。

## 二、实验原理

DNA 在 pH 5.0～9.0 的溶液中是稳定的，但在 pH 12.0～12.6 的碱性环境中，双链之间氢键的解离而变性。SDS(十二烷基硫酸钠)是一种阴离子表面活性剂，既能使细菌细胞裂解，又能使一些蛋白质变性，所以 SDS 处理细菌细胞后，会导致细菌细胞壁的破裂，从而使质粒 DNA 以及基因组 DNA 从细胞中同时释放出来。NaOH 使线性的大分子量细菌染色体 DNA 双螺旋结构解开，双链完全分离。共价闭环质粒 DNA 虽然氢键断裂，但两条互补链仍彼此盘绕紧密地结合在一起。

当加入 pH 4.8 的 KAc 高盐溶液，将 pH 调至中性时，共价闭合的环状质粒 DNA 因两条互补链仍保持在一起，可迅速准确复性，恢复成超螺旋分子，以溶解状态存在于液相中。而线状染色体 DNA 的两条互补链已完全分开，不能准确复性，它们与变性的蛋白质和细胞碎片缠绕在一起，通过离心即可除去大部分细胞碎片、染色体 DNA、不稳定的大分子 RNA 及蛋白质 - SDS 复合物，所需的质粒 DNA 尚在上清液中。再用无水乙醇或异丙醇沉淀，即可得到质粒 DNA。

## 三、仪器与试剂

### (一)材料和仪器

超净工作台、台式高速冷冻离心机、恒温空气摇床、恒温培养箱、高温高压灭菌锅、微量移液器、枪头、1.5 mL EP管、琼脂糖电泳系统、凝胶成像系统等。

### (二)试剂

LB培养基(同实验十三)、溶液Ⅰ(50 mmol/L 葡萄糖、25mmol/L Tris - HCl、10 mmol/L EDTA、112℃灭菌 15 min)、溶液Ⅱ(新鲜配制、0.2mol/L NaOH、1% SDS)、溶液Ⅲ(5 mol/L KAc 60 mL、冰醋酸 11.5 mL、水 28.5 mL)、70%乙醇、RNase(10 mg/mL)

## 四、实验步骤

1.挑取琼脂培养板上的单菌落至 2 mL LB 培养液中(含 Amp 50 μg/mL),37℃强烈摇荡过夜,约 12 h)。

2.将菌液摇匀,取 1.5 mL 培养液至 EP 管中,12000 r/min 离心 30 s,吸去培养液,使细菌沉淀尽量干燥。

3.将细菌沉淀悬浮于 100 μL 预冷溶液Ⅰ中,涡旋混匀器振荡混匀,室温放 2 min。

4.将 EP 管置于冰上,加入 200 μL 溶液Ⅱ,盖严管盖,轻柔旋转颠倒,混匀内容物,保证 EP 管的整个内壁均与溶液Ⅱ 接触,冰上放置 1 min。

5.加入 150 μL 溶液Ⅲ(预冷),温和振荡数次,使溶液Ⅲ在黏稠的细菌裂解物中分散均匀,冰上放置 5 ~ 10 min。

6.12000 r/min、4℃离心 5 min,取上清移到 1 个新的 EP 管中。

7.加入体比为 1∶1 的酚和氯仿混合溶液抽提,振荡混匀,4℃、12000 r/min 离心(此步可省,但可能导致质粒 DNA 不能被酶切或切不完全)。

8.加入 0.6 倍体积的异丙醇(约 270 μL 或者 2 倍体积无水乙醇),颠倒混匀,于室温静置 2 min。

9.12000 r/min、4℃离心 5 min。

10.倒去上清液,把 EP 管倒扣在滤纸上吸干液体。

11.加入 1 mL 70%乙醇漂洗沉淀,盖严管盖,轻轻颠倒 3 ~ 5 次(动作要轻,防止把沉淀冲散,否则须再次离心)。

12. 倒去乙醇，将 EP 管倒扣在滤纸上，吸干 70% 乙醇，室温干燥白色沉淀变为半透明，5 ~ 10 min。

13. 加 20 μL TE 或无菌水(含 20 μg/mL RNA 酶，不含 DNA 酶)溶解质粒 DNA，-20℃保存，用琼脂糖凝胶电泳检测。

## 五、实验结果与分析

### (一) 实验结果

图示你提取的质粒 DNA 的电泳图谱。

### (二) 思考题

1. 简述溶液Ⅰ、溶液Ⅱ和溶液Ⅲ的作用及实验中分别加入上述溶液后，反应体系出现的现象和成因。

2. 沉淀 DNA 时为什么要用异丙醇(或无水乙醇)及在高盐、低温条件下进行?

# 实验十七　质粒 DNA 的酶切及电泳检测

## 一、实验目的

掌握质粒 DNA 酶切及琼脂糖凝胶电泳鉴定原理及方法。

## 二、实验原理

限制性核酸内切酶是 DNA 重组操作过程中所使用的基本工具，可特异性地结合于一段被称为限制酶识别序列的特殊 DNA 序列之内或其附近的特异位点上，并在此切割双链 DNA。分子克隆中常用的为 II 型限制性内切酶，其识别位点长度通常为 4 ~6 个核苷酸的反向重复序列，进行特异性切割产生粘性或平头末端。如 XbalI 的识别序列为 5′…T|CTAGA…3′，BamHI 的识别序列为 5′…G|GATCC…3′，这些黏性末端 DNA 断裂处的磷酸二酯键以及氢键更易于通过 DNA 连接酶的作用而“黏合”，故常用于构建重组 DNA 分子。本实验用内切酶 XbalI 和 BamHI 酶切重组质粒（PMD18 － T 载体 ＋ 4CL 基因），进行重组 DNA 分子鉴定。

## 三、仪器与试剂

### （一）材料和仪器

重组质粒[PMD18 － T 载体 ＋ 4CL 基因、含酶切位点 Xbal I 和 BamHI、双酶切后片段大小为 500 bp（目的条带）和 2692 bp（PMD18 － T 载体）]、微量移液器、恒温水浴锅、凝胶成像系统、琼脂糖凝胶电泳系统。

### (二)试剂

Takara XbaI 限制性内切酶、Takara BamHI 限制性内切酶、Takara 10 × M 酶切缓冲液、Takara 10 × K 酶切缓冲液、BioWest 电泳琼脂糖粉末、0.5 × TBE 核酸电泳缓冲液、核酸染料、Takara 6 × 电泳上样缓冲液。

## 四、实验步骤

每组做三个酶切样品(BamH Ⅰ单酶切、Xbal Ⅰ单酶切及 Xbal Ⅰ和 BamH Ⅰ双酶切各一管),具体操作如下:

1. 在一个洁净的 0.2 mLPCR 管中,按表 2 - 13 中的添加量依次加入水、缓冲液、质粒 DNA(≤1 μg)及酶液等,轻轻混匀,掌上离心机离心 2 s。

2. 将 PCR 管置于恒温箱 37℃ 保温,酶切反应 1 ~2 h。

3. 酶切完成后,分别加入 4 μL 6 × 的 loading buffer,然后各取 10 μL 进行电泳分析。

**表 2 - 13　BamH Ⅰ单酶切、Xbal Ⅰ单酶切及 Xbal Ⅰ和 BamH Ⅰ双酶切加样体系**

| 酶切体系 | $ddH_2O$ /μL | 10 × K 酶切缓冲液 /μL | 10 × M 酶切缓冲液 /μL | 质粒 DNA /μL | BamH Ⅰ /μL | Xbal Ⅰ /μL | 总体积 /μL |
|---|---|---|---|---|---|---|---|
| BamH Ⅰ单酶切 | 12.75 | 2.0 | — | 5.0 | 0.25 | — | 20.0 |
| Xbal Ⅰ单酶切 | 12.75 | — | 2.0 | 5.0 | — | 0.25 | 20.0 |
| Xbal Ⅰ和 BamH Ⅰ双酶切 | 12.5 | 2.0 | — | 5.0 | 0.25 | 0.25 | 20.0 |

## 五、注意事项

1. 应用无菌吸头吸取酶液,同时注意更换吸头,避免相互污染,同时应尽量缩短酶在温室的放置时间。

2. 混匀反应混合物时,应避免强烈振荡以保证 DNA 大分子的完整,防止内切酶变性。

3. 反应前应低速离心 PCR 管,使因混匀吸附于管壁上的液滴全部沉至管底。

4. 为保证酶活性，加入反应的酶体积不超过反应总体积的10%。

5. 用两种或两种以上限制酶切割DNA时，须选择通用缓冲液，保证两种酶可同时酶切完全。

6. 酶切底物DNA应具备一定的纯度，防止溶液中的痕量酚、氯仿、乙醇、EDTA、SDS等影响限制酶的活性。

## 六、实验结果与分析

### （一）实验结果

画出你电泳得到的质粒DNA及其酶切结果图。

### （二）思考题

如何使你的质粒DNA酶切达到最佳预期效果？

# 实验十八　GFP 技术检测目的蛋白在真核细胞中的定位

## 一、实验目的

学习哺乳动物细胞培养方法；掌握利用绿色荧光蛋白 GFP 技术检测目的蛋白定位的方法。

## 二、实验原理

绿色荧光蛋白 GFP 荧光稳定，且不需依赖任何辅因子或其他基质而发光。绿色荧光蛋白基因 GFP 转入宿主细胞后对多数宿主的生理无影响，可对活细胞进行观察，是常用的报告基因。Lipofectamine 2000 是一种脂质体转染试剂，是由脂质双分子层组成的，磷脂分子在水中可自动生成闭合的双层膜，从而形成一种囊状物被称为脂质体。本实验通过脂质体导入法，将含有 GFP 标签蛋白的重组质粒(pEGFP－N1－ERK)包囊于脂质体内，然后进行脂质体与细胞膜的融合，通过融合导入受体细胞(HEK293T)。细胞转染 48 h 后，重组蛋白将会在细胞内表达，通过荧光显微镜，能够清晰的看到目地蛋白在受体细胞的定位特征。

## 三、仪器与试剂

### (一)材料和仪器

荧光显微镜、离心机、移液器、枪头、细胞培养板、离心管和核酸蛋白定量仪等。

### （二）试剂

DMEM 培养基、双抗、胎牛血清、HEK293T 细胞、lipofectamine 2000、pEGFP - N1 质粒、DAPI、4% 多聚甲醛、PBS、HiPure Plasmid Micro Kit 的试剂盒等。

## 四、实验步骤

### （一）细胞培养

HEK293T 细胞培养于含 10% 胎牛血清以及 10% 双抗的 DMEM 培养基。培养的条件为 37℃、5% $CO_2$、饱和湿度。维持单层贴壁生长，2 ~ 3 d 换液一次。

### （二）细胞转染

1. 将含重组质粒（pEGFP - N1 - ERK）的菌种接种于含有 10 mL LB/培养液的培养瓶中。37℃摇床培养 12 ~ 16 h 扩增质粒。按照 Magen 公司 HiPure Plasmid Micro Kit 的试剂盒抽提无内毒素质粒，利用核酸蛋白定量仪测定质粒浓度。
2. 细胞传代，用未加抗生素的培养基分别接种 $2 \times 10^6$/mL 细胞于 6 孔板。
3. 细胞过夜培养后转染，每孔接种质粒 1 μg，按每 μg 质粒 2.5 μL lipofectamine 2000 的比例用 Opti - MEM 培养基分别配制含有质粒和 lipofectamine 2000 的稀释液；对照组接种空载体（pEGFP - N1），实验组转染重组质粒（pEGFP - N1 - ERK）孵育 5 min 后两个稀释液混和，室温孵育 20 min。
4. 孵育后加入到细胞培养板里，6 h 后更换为含有 10% 胎牛血清以及 10% 双抗的 DMEM 培养基，48 h 后收集细胞进行后续的分析。

### （三）结果观察

细胞转染 48 h 后，细胞用 PBS（pH 7.4）洗 1 次，然后用 4% 多聚甲醛室温固定 10 min。用 PBS 洗一次，细胞核用 DAPI 染色 10 min，PBS 洗三次，最后荧光显微镜观察结果并拍照。

## 五、实验结果与分析

### （一）实验结果

1. 利用核酸蛋白定量仪检测无内毒素质粒的浓度。
2. 观察重组蛋白 pEGFP - N1 - ERK 在 HEK293T 细胞中的定位情况。

## (二)思考题

1. 谈谈影响细胞转染成功关键的因素有哪些。
2. DAPI 染细胞核为什么要先将细胞固定?

# 实验十九　外源基因在大肠杆菌中的诱导表达

## 一、实验目的

通过本实验了解外源基因在原核细胞中表达的特点和方法。

## 二、实验原理

外源基因克隆在含有 T7 启动子的表达系统中，先让宿主菌生长，lac I 产生的阻遏蛋白与 lac 操纵基因结合抑制 T7RNA 聚合酶基因的表达。向培养基中加入诱导物 IPTG(异丙基硫代 - b - D - 半乳糖)，解除抑制，合成 T7RNA 聚合酶，使外源基因大量表达。表达的蛋白可经 SDS - PAGE 或 Western - blotting 检测。

## 三、仪器与试剂

### (一) 材料和仪器

1.5 mL 离心管、枪头、牙签、试管、台式冷冻离心机、制冰机、恒温摇床、分光光度计、超净工作台、恒温培养箱。

### (二) 试剂

LB 培养基、100 mg/mL IPTG、100 mg/mL 氨苄青霉素、PBS 溶液。

## 四、实验步骤

1. 取一支灭菌的试管，加入 3 mL LB 培养基，然后再添加 3 μL 氨苄青霉素。

2. 用灭菌牙签挑取一个含有 pET－SAA 重组载体菌株的单菌落接种到该试管中，然后放入摇床 200 r/min、37℃培养过夜。

3. 取一个灭菌的三角瓶加入 50 mL LB 培养基并添加 50 μL 氨苄青霉素

4. 将昨天培养过夜的菌液取 1 mL 加入到三角瓶中，200 r/min、37℃摇床培养直到 $A_{600}$ 约为 0.6 时，添加 IPTG 至 1 mmol/L 诱导表达 6 h，在加入 IPTG 开始诱导表达之前取 1 mL 菌液作为对照样。

5. 在诱导表达过程中每隔 2 h 取 1 mL 菌液 5000 r/min 离心，5 min，弃去上清液，用 500 μL PBS 将沉淀重新悬浮，保存于 4℃，准备 SDS－PAGE 电泳分析。

## 五、实验记录与分析

### （一）实验记录

记录 IPTG 诱导表达起始时菌液的 $A_{600}$。

### （二）思考题

1. 实验中添加 IPTG 时，为何要求菌液 $A_{600} \approx 0.6$？

2. 实验中 IPTG 的添加量是否越多越好？

# 实验二十　SDS－PAGE 检测原核表达蛋白

## 一、实验目的

通过本实验了解和掌握 SDS－PAGE 检测蛋白的基本原理和方法。

## 二、实验原理

SDS(十二烷基硫酸钠)是一种阴离子去污剂，在溶液中能与蛋白质分子的疏水部分定量结合，把大多数蛋白质拆成亚单位，并带上阴离子。这些阴离子掩盖了蛋白质分子本身所带的电荷差异，所以 SDS－PAGE 消除了电荷效应，只有分子筛效应。故蛋白质电泳迁移率完全取决于相对分子质量，在电场下，按相对分子质量大小在板状胶上排列。

## 三、仪器与试剂

### (一)材料和仪器

垂直板电泳槽及配套的玻璃板、封胶条、梳子、恒压恒流电泳仪和脱色摇床等。

## (二)试剂

1. 按表2－14配制SDS－PAGE胶的制备溶液(通风橱中操作)。

**表2－14　SDS－PAGE胶溶液组成成分**

| | |
|---|---|
| 30%丙烯酰胺(Acr/Bis)溶液 | Acrylamide(丙稀酰胺) 60 g<br>Bisacrylamide(甲叉双丙稀酰胺) 1.6 g<br>加水至200 mL，过滤备用，4℃保存 |
| 1.5 mol/L的Tris(pH 8.8) | 90.75 g Tris加400 mL水调节pH至8.8后加水至500 mL，4℃保存 |
| 1 mol/L的Tris(pH 6.8) | 12 g Tris加120 mL水用1 mol/L HCl调节pH至6.8加水至200 mL，4℃保存 |
| 10% SDS | 取10 g SDS定容至100 mL $dH_2O$中即可，室温保存 |
| 10% APS(过硫酸胺)<br>(现配现用) | 取1 g APS定容至10 mL $dH_2O$中即可，分装为500 μL一管，溶解后放于4℃可以放一周 |
| TEMED<br>N，N，N′，N′－四甲基二乙胺 | 有腐蚀性，具神经毒性，请注意防护。<br>易挥发，使用后请盖紧瓶盖 |

2. 按表2－15配制2×上样缓冲液(通风橱中操作)。

**表2－15　2×上样缓冲液组成成分**

| | |
|---|---|
| 0.5 mol/L Tris－HCl pH 6.8 | 2 mL |
| 甘油 | 2 mL |
| 20% SDS | 2 mL |
| 0.1%溴酚蓝 | 0.5 mL |
| β－巯基乙醇 | 1 mL |
| 双蒸水 | 2.5 mL |

3. 按表 2－16 配制 5×电泳缓冲液。

表 2－16　5×电泳缓冲液组成成分

| | |
|---|---|
| Tris | 7.5 g |
| Gly | 36 g |
| SDS | 2.5 g |
| 双蒸水溶解，定容至 500 mL，使用时稀释 5 倍 | |

4. 按表 2－17 配制染色液（通风橱中操作）。

表 2－17　染色液组成成分

| | |
|---|---|
| 冰醋酸 | 100 mL |
| 甲醇 | 250 mL |
| 考马斯亮兰 | 0.3 g |
| 取上列物质，充分搅匀后，加水至 1000 mL，过滤备用 | |

5. 按表 2－18 配制脱色液（通风橱中操作）。

表 2－18　脱色液组成成分

| | |
|---|---|
| 冰醋酸 | 100 mL |
| 甲醇 | 200 mL |
| 甘油 | 60 mL |
| 取上列物质，充分搅匀后，加水至 1000 mL，过滤备用 | |

## 四、实验步骤

1. 按表 2－19 配制 12% 分离胶。

表 2－19　12%分离胶反应体系

| | 5 mL(一块) | 10 mL(两块) |
|---|---|---|
| 超纯水 | 1.6 mL | 3.3 mL |
| Solution 1 | 2 mL | 4 mL |
| Solution 2(pH 8.8) | 1.3 mL | 2.5 mL |
| Solution 4(10% SDS)保持 37℃ | 50 μL | 100 μL |
| 10% APS(现配现用) | 50 μL | 100 μL |
| TEMED | 2 μL | 4 μL |

(1)把玻璃板放入制胶架上，架好胶板，封底。

(2)按上述表格顺序及比例配好分离胶，混匀，灌胶时可用 1 mL 枪吸取胶沿玻璃放出，待胶面升到绿带下缘即可(这是为浓缩胶提供充分的空间)。

(3)迅速用 200 μL 枪在胶上加一层纯水，液封。

(4)静置 35 ~45 min，胶自然凝聚后倾斜倒出蒸馏水，吸干。

2. 按表 2－20 配制 5%浓缩胶。

表 2－20　5%浓缩胶反应体系

| | 3 mL(一块) | 6 mL(两块) |
|---|---|---|
| 超纯水 | 2.1 mL | 4.2 mL |
| Solution 1 | 500 μL | 1.0 mL |
| Solution 3(pH 6.8) | 380 μL | 760 μL |
| Solution 4(10% SDS) | 30 μL | 60 μL |
| 10% AP | 30 μL | 60 μL |
| TEMED | 3 ~4 μL | 4 ~6 μL |

混匀后立即加到分离胶上，在两玻璃板夹缝中水平插入梳子，压平，注意应避免齿端留有气泡，静置 30 ~45 min 等待凝胶聚合，然后小心取出梳子，不要撕裂加样孔。

3. 样品制备：样品与 2 × 上样缓冲液按 1∶1 混匀(PBS 悬浮的菌液)，并在 100℃水浴中煮 10 min，取出待用。

4. 上样、电泳：将样品和标准蛋白分别加到样品孔中开始电泳，先恒压 80 V，样品进入分离胶后恒压 120 V，直至溴酚蓝走至前沿为止。

5. 固定染色：电泳完毕，将胶板从电泳槽中取出，小心从玻璃板上取下凝胶，将凝胶在固定液中固定 30 min，再用脱色液脱色过夜。胶上会出现明显而清晰的蓝色条带，照相记录。观察脱色后胶里的蓝色带纹，与对照比较或寻找异常粗的带纹，并比较其相对分子质量，判断是否是预期的基因产物。

## 五、实验结果与分析

### （一）实验结果

观察并拍下 SDS - PAGE 凝胶电泳图结果并分析。

### （二）思考题

1. 谈谈影响原核蛋白表达的因素都有哪些。
2. 如何确定凝胶上的某条蛋白质带就是所要表达的外源基因产物？

# 第三篇 基因工程综合实训

# 实训一　青鱼生长激素基因在酵母中的表达

## 第一节　概述

随着分子生物学技术的发展，使用生物反应器生产外源蛋白具有广阔的应用前景。基因工程技术和现代发酵技术的有机结合，使得原来无法大量获得的蛋白质或者多肽得以大规模合成生产。到目前为止，已发展了大肠杆菌、酵母、昆虫、哺乳动物细胞等多种蛋白表达系统。

酵母作为一种外源蛋白表达系统，兼备原核及真核细胞表达系统的优点，在基因工程领域中得到日益广泛的应用。酵母的胞内表达蛋白的分选和区域化，增加了表达蛋白的稳定性，减少了表达产物对宿主菌的毒害作用。作为生产真核异源蛋白的宿主菌，易于遗传操作，酵母是外源基因的理想表达受体系统。第一个被选择用于表达外源蛋白的是酿酒酵母，人们对其基因操作和生物学特性比较了解，长期用于发酵的经验也显示其安全可靠。但实践证明该系统具有一定的局限性，缺乏强有力的启动子，分泌效率差，表达菌株不够稳定，表达质粒易于丢失。鉴于此，20 世纪 80 至 90 年代人们又发展了一个新的高效表达系统——毕赤酵母，即甲醇营养型表达系统。与以往的基因表达系统相比，它具有无可匹敌的表达特性，已被认为是最具有发展前景的生产蛋白质的工具之一。因此近年来此表达系统的研究得到迅速发展，目前已有蛋白酶、酶抑制剂、受体、单链抗体等多种具有商业价值外源蛋白在该表达系统中获得成功表达。

由于毕赤酵母表达系统的诸多优势，使之越来越受到关注，成为目前最常用高效表达外源蛋白的表达系统，其研究和商业价值亦不断体现。目前，国内外已有多种外源蛋白获得表达，很多医药制品如人血清白蛋白、人白介素 -2、乙肝表面抗原、水蛭素、生长激素等在该系统中都已成功表达。但影响外源基因在毕赤酵母中表达的因素非常复杂，建立稳定的高效表达外源蛋白的表达体系并非易事。相信随着人们广泛深入的研究和应用，菌株及载体等方面的进一步完善，表达条件的充分优化，毕赤酵母表达系统将更加完善，将使得越来越多的蛋白在该系统高效表达。其在基因工程产品及工业应用的各个领域将发挥更大的作用。

实验流程：在酵母中表达异源蛋白包含以下几个步骤——克隆、转化、筛选及表型鉴定、诱导表达、产物鉴定。本章以青鱼生长激素基因外源表达为例进行介绍。

## 第二节　基因克隆

青鱼生长激素(black carp growth hormone，GH)是由脑下垂体前叶分泌的一种单链非糖多肽激素，由211个氨基酸组成，相对分子质量23kD左右，能促进鱼体生长发育，加速蛋白质的合成，促进脂类降解等。

### 1　材料和方法

#### 1.1　材料

##### 1.1.1　实验动物

青鱼。

##### 1.1.2　主要仪器设备

微波炉(WP 800 TL23－K3)、PCR扩增仪(2700型)、稳压电泳仪(Power Pac－200型)、旋涡混合器(XW－80A)、蛋白核酸定量测度仪(RS232C)、台式高速冷冻离心机(5415R)、电脑恒温层析柜(CXG－1)、艾科浦超纯水系统(AYJ1－1002－U)、全自动高压灭菌锅(ES－315)、数显电热培养箱(HPX－9162 ME)、无菌工作台(YJ－900B)、移液枪、分析天平(GB303)。

##### 1.1.3　菌株和质粒

宿主菌为大肠杆菌DH5α。

### 1.1.4 主要药品和试剂

Trizol 试剂盒、Taq 酶、T4DNA 连接酶、dNTP、逆转录试剂盒 RevertAidTM First Strand cDNA Synthesis Kit 、限制性内切酶、DNA 凝胶回收试剂盒(TIANGEN)。

### 1.1.5 主要试剂配制

5×TBE 缓冲液：54 g Tris，27.5 g 硼酸，20 mL 0.5 mol/L EDTA(pH 8.0)，定容至 1000 mL。

Amp：0.5 g Amp 溶解于 5 mL $ddH_2O$ 中，过滤灭菌，-20℃保存。

TE 缓冲液(pH 8.0)：Tris · HCl (pH 8.0) 10 mmol/L，EDTA (pH 8.0) 1 mmol/L，分装后于 -20℃保存。

碱裂解法质粒抽提液：溶液Ⅰ：Tris · HCl (pH8.0)25 mmol/L，EDTA(pH 8.0)10 mmol/L，葡萄糖 50 mmol/L，高压下蒸气灭菌 15 min，储存于 4℃。溶液Ⅱ：NaOH 0.2 mol/L(临用前用 10 mol/L 贮存液稀释)，SDS 1%。溶液Ⅲ：乙酸钾 5 mol/L 60 mL，冰乙酸 11.5 mL，$ddH_2O$ 28.5 mL，储存于 4℃。

X-Gal：X-Gal 溶于 DMF，贮存浓度为 50 mg/mL。分装后避光保存在 -20℃。

IPTG：IPTG 溶于水中，贮存浓度为 100 mmol/L(24 g/mL)。分装后避光保存在 -20℃，可保存四个月。

0.1 moL/L 的 $CaCl_2$：取 12.8 g $CaCl_2 \cdot H_2O$ 加 80 mL 去离子水溶解，定容至 100 mL，过滤细菌，-20℃保存。

10% 的 SDS：电泳级 SDS 10.0 g 加 $ddH_2O$，68℃助溶，用浓盐酸调节 pH 至 7.2，定容至 100 mL。

### 1.1.6 培养基

LB 液体培养基：胰蛋白胨 10 g/L，酵母提取物 5 g/L，NaCl 10 g/L。

LB 固体培养基：胰蛋白胨 10 g/L，酵母提取物 5 g/L，NaCl 10 g/L，琼脂粉 12 g/L。

LA 培养基：LB 培养基 +50 μg/mL Amp。

## 1.2 方法

### 1.2.1 脑垂体总 RNA 提取

以下操作过程除特别注明外，均在冰浴上完成。实验所用离心管、移液器吸头以及部分溶液经0.1%焦碳酸二乙酯(diethyl pyrocarbonate, DEPC)水处理，玻璃器皿和金属器械经180℃高温烘烤4 h。电泳槽和制胶槽经去污剂洗涤，流水冲洗，乙醇干燥，3% $H_2O_2$ 浸泡和0.1% DEPC水处理。

取新鲜健康的鱼，快速解剖，取脑垂体，按照试剂盒程序说明进行总RNA的提取。

(1)将新鲜组织放到冰冻的碾钵中碾磨组织，其间不断加入液氮，直至碾磨成粉末状；

(2)将样品转移至1.5 mL EP管中，加入适量Trizol试剂(1 mL/100 mg组织)，冰上放置15 min；

(3)加入适量氯仿(0.2 mL/1 mL Trizol)，盖紧离心管盖，用力振荡15 s，在冰上放置2~3 min；

(4)离心管于4℃、12000 r/min离心15 min，液相分三层；

(5)取上层水相至新离心管，加入等体积的异丙醇(RNA提取专用)，混匀后室温放置10 min，沉淀RNA；

(6)离心管于4℃、12000 r/min离心15 min，弃上清液；

(7)用75%乙醇洗涤沉淀，(重复一次，75%乙醇 -20℃预冷)；

(8)旋涡振荡混合样品，4℃、8000 r/min离心5 min，弃上清液；

(9)风干，加适量DEPC处理的双蒸水溶解(可在55~60℃下孵育5 min)；

所得RNA样品取一部分通过比色和电泳检测，其余 -80℃保存备用。取适量总RNA样品，用DEPC水稀释后，分别测量样品在260 nm和280 nm波长的吸光度值。RNA样品的浓度按下列公式计算：$[RNA] = A_{260} \times D \times 40$ ng/μL。式中：$D$ 为样品稀释倍数。RNA样品的纯度则根据 $A_{260}/A_{280}$ 的比值来确定。同时，RNA样品经1%琼脂糖凝胶电泳检测。

### 1.2.2 引物设计

根据GenBank数据库中登记的青鱼GH基因序列(AF389238)和表达载体pPIC 3.5K多克隆位点，运用Seqencer软件设计两对特异性引物。为方便后面的克隆，在5′段和3′段分别加入了EcoR I和Not I的酶切位点(以下划线表示)。

F: 5′ - GTCGAATTCACCATGGCTAGAGCATTAGTG - 3′

R: 5′ - TATGCGGCCGCTTAATGATGATGATGATGATGCAGGGTGCAGTTGGAAT - 3′

### 1.2.3 cDNA第一链的合成

根据逆转录试剂盒说明书进行，具体操作如下：

(1) 在冰浴的试管中加入如下反应混合物：

模板RNA：总RNA(1~5 μg)　　3 μL

| | |
|---|---|
| Oligo(dT)18 (0.5 μg/μL) | 1 μL |

无 RNA 酶去离子水(RNase－free $ddH_2O$)：定容至 12 μL。

(2) 离心 3～5 s，混匀后，在 70℃孵育 5 min 后，冰浴 30 s。

(3) 将试管冰浴 1 min，稍微离心，再加入如下组分：

| | |
|---|---|
| 5×Reaction Buffer | 4 μL |
| RNase Inhibitor(40U/μL) | 1 μL |
| dNTP Mix(10 mmol/L) | 2 μL |

(4) 离心 3～5 s，37℃孵育 5 min，取出置于冰上至少 1 min。

(5) 加入 1 μL mol/L－MLV 反转录酶(200U/μL)1 μL，终体积：20 μL。

(6) 混合、离心 3～5 s，42℃ 孵育 60 min。

(7) 70℃ 孵育 10 min，结束后快速置于冰上终止反应，－20℃保存。

注意：整个试剂添加过程均在冰上操作；所用 EP 管经 0.1% DEPC 水处理。

### 1.2.4　GH－cDNA 片段的获得

1.2.4.1 PCR 扩增

PCR 反应在 25 μL 体系中进行，以合成的 cDNA 第一链为模板，用引物 G1，G2 进行扩增。反应条件为：

(1) 反应体系。

| | |
|---|---|
| $ddH_2O$ | 15.5 μL |
| 10×buffer | 2.5 μL |
| $Mg^{2+}$(25 mmol/L) | 2.5 μL |
| dNTP(10 mmol/L) | 1 μL |
| PrimerF(10 μmol/L) | 1 μL |
| PrimerR(10 μmol/L) | 1 μL |
| 模板(cDNA) | 1 μL |
| Ex. Taq | 0.5 μL |
| 总体积 | 25 μL |

(2) 反应参数为：94℃变性 5 min；94℃变性 30 s，56℃退火 30 s，72℃延伸 45 s，30 个循环；72℃延伸 10 min；4℃保温。

1.2.4.2 GH－cDNA 片段的回收

按 DNA 凝胶回收试剂盒说明书进行 PCR 产物的纯化回收。第一次使用前应按照试剂瓶标签的说明先在 15 mL 漂洗液 PW 中加入 60 mL 无水乙醇，所有离心步骤均为使用台式离心机在室温下离心。

(1) 将 PCR 产物在 1.0% 琼脂糖凝胶中进行 TBE 电泳，分离目的片段。

(2) 柱平衡步骤：向吸附柱 CA2 中(吸附柱放入收集管中)加入 500 μL 平衡液

BL，12000 r/min 离心 1 min，倒掉收集管中的废液，将吸附柱重新放回收集管中。

(3)将单一的目的 DNA 条带从琼脂糖凝胶中切下(尽量切除多余部分，凝胶应尽量缩短紫外线照射时间)放入干净的离心管中，称取重量。

(4) 向胶块中加入 3 倍体积溶胶液 PN(如凝胶重为 0.1 g，其体积可视为 100 μL，依此类推)。50℃水浴放置 10 min，其间不断温和地上下翻转离心管，以确保胶块充分溶解。注意：胶块完全溶解后最好将胶溶液温度降至室温再上柱，因为吸附柱在较高温度时结合 DNA 的能力较弱。

(5)将上一步所得溶液加入一个吸附柱 CA2 中(已平衡，吸附柱放入收集管中)，室温放置 2 min，12000 r/min 离心 30 ~ 60 s，倒掉收集管中的废液，将吸附柱 CA2 放入收集管中。注意：吸附柱容积为 800 μL，若样品体积大于 800 μL 可分批加入。

(6) 向吸附柱 CA2 中加入 700 μL 漂洗液 PW(使用前请先检查是否已加入无水乙醇)，12000 r/min 离心 30 ~ 60 s，倒掉收集管中的废液，将吸附柱 CA2 放入收集管中。

(7)向吸附柱 CA2 中加入 500 μL 漂洗液 PW，12000 r/min 离心 30 ~ 60 s，倒掉废液。

(8)将吸附柱 CA2 放回收集管中，12000 r/min 离心 2 min，尽量除尽漂洗液。将吸附柱 CA2 置于室温放置数分钟，彻底地晾干，以防止残留的漂洗液影响下一步的实验。注意：漂洗液中乙醇的残留会影响后续的酶反应实验。

(9)将吸附柱 CA2 放到一个干净离心管中，向吸附膜中间位置悬空滴加适量洗脱缓冲液 EB，室温放置 2 min。12000 r/min 离心 2 min 收集 DNA 溶液，保存于 4℃。

### 1.2.5 GH - cDNA 片段亚克隆到 pUCm - T 载体

1.2.5.1 感受态细胞的制备

(1) 用接种环直接挑取冻存的大肠杆菌 DH5α，在 LB 培养基平板表面划线，于 37℃培养 16 h；

(2) 挑取一个单菌落，接种到 3 ~ 5 mL LB 培养基(不含 Amp)中，于 37℃、220 r/min 振荡培养过夜；

(3) 将 1 mL 上述菌液接种到 50 mL LB 培养基中，37℃、220 r/min 振荡培养 2 ~ 3 h，至 $A_{600}$ = 0.4 ~ 0.6；

(4) 将培养液转入 50 mL 离心管中，在冰上放置 10 min，然后在 4℃、5000 r/min，离心 10 min，弃上清液；

(5) 沉淀中加入 10 mL 冰预冷的 0.1 mol/L $CaCl_2$，悬浮沉淀，冰上放置 10 min；

(6) 4℃、5000 r/min，离心 10 min，弃上清液；

(7) 加入 2.1 mL 冰预冷的 0.1 mol/L $CaCl_2$ 和 0.9 mL 50% 甘油悬浮沉淀；

(8) 分装 100 μL/管，-70℃保存备用。

1.2.5.2 目的片段与 pUCm-T 载体的连接

将胶回收后的目的片断(GH-cDNA)克隆到 pUCm-T 载体中，连接的反应体系如下：

| | |
|---|---|
| $ddH_2O$ | 3.5 μL |
| 纯化的 PCR 产物 | 4.0 μL |
| pUCm-T 载体 | 1.0 μL |
| 10 × ligation buffer | 1.0 μL |
| T4 DNALigase(5 U/μL) | 0.5 μL |

总体积 10 μL (载体和目的片断摩尔比为 1:10 ~ 1:2)，混匀，恒温层析柜中 16℃反应 12 ~ 16 h。

1.2.5.3 连接产物的转化

转化(热休克法)：

(1) 取 100 μL 大肠杆菌 DH5α 感受态细胞，置于冰上解冻；

(2) 加入 6 μL 连接产物后，轻轻吹打混匀，冰浴 45 min；

(3) 在 42℃水浴中热激反应 90 s，立即将混合液转入冰上放置 2 ~ 5 min；

(4) 加入 LB 液体培养基(不含 Amp) 800 μL，在 37℃条件下，于摇床(200 rpm)中培养 45 min 以复苏细胞；

(5) 4 000 r/min 离心 5 min，去 700 μL 上清液；

(6) 混匀剩余菌液，取 100 ~ 200 μL 涂布于已 37℃预热含 Amp 50 μg/mL 的 LB 琼脂培养基平板上；

(7) 正置平板，待水分吸收后 37℃倒置培养 12 ~ 16 h。

### 1.2.6　阳性克隆的筛选与鉴定

1.2.6.1 采用蓝白斑法筛选含重组质粒的菌落

在 LB 琼脂培养基平板表面，涂布 40 μL 20 mg/mL 的 X-Gal 和 20 μL 100 mmol/L的 IPTG 溶液。涂转化菌液培养过夜后，会出现蓝色和白色的菌落，其中白色菌落为可能的重组子。

1.2.6.2 菌液 PCR 筛选

从平板上挑取白色单菌落接种于 3 mL 含 50 μg/mL Amp 的 LB 液体培养基中，振动培养过夜，取 1 μL 菌液作为模板，进行常规 PCR 扩增。以合成的第一链 cDNA 为模板设置正对照。

PCR 反应条件同 1.2.4.1 PCR 扩增。

1.2.6.3 质粒 DNA 的小规模提取

(1)将上述菌液保种后取菌液 1.5 mL 加入微量离心管，4℃、6000 r/min 离心2 min，弃净上清液，使细菌沉淀尽可能干燥；

(2)加入 100 μL 已预冷的溶液Ⅰ，剧烈振荡，使细菌沉淀在溶液Ⅰ中完全分散；

(3)加入 200 μL 新配制的溶液Ⅱ，盖紧管口，快速颠倒离心管 5 ~ 10 次，混匀内容物，将离心管冰上放置 5 min；

(4)加入 150 μL 已预冷的溶液Ⅲ，轻缓颠倒混合 5 ~ 10 次，冰上放置 10 min；

(5)4℃、12000 r/min 离心 10 min，使蛋白质充分沉淀，吸上清液转入另一微量离心管；

(6)加入等体积的酚、氯仿与异戊醇(混合溶液)(体积比为 25∶24∶1)，震荡混匀，4℃、12000 r/min 离心 5 min，吸上清液转入另一微量离心管；

(7)向上清中加入 2 倍体积的无水乙醇，混匀后，室温放置 5 ~ 10 min，4℃、12000 r/min 离心 5 min，倒去上清液，把离心管倒扣在吸水纸上，吸干液体；

(8)用 1 mL 70% 乙醇洗涤质粒 DNA 沉淀，震荡并离心，倒去上清液，真空抽干或空气中干燥；

(9) 加入 50 μL 含无 DNA 酶的 RNA 酶(20 μg/mL)的 TE(pH 8.0)缓冲液，使质粒 DNA 完全溶解，-20℃保存。

1.2.6.4 质粒 PCR 鉴定

以所提取的质粒为模板进行 PCR 扩增，以合成的第一链 cDNA 为模板设置正对照。PCR 反应条件同 1.2.4.1 PCR 扩增。

1.2.6.5 重组质粒中插入片段的序列测定及结果分析

经初步鉴定后，将可能的重组子样品送至上海生工生物工程技术服务有限公司进行测序。

# 2 结果与分析

## 2.1 青鱼 GH - cDNA 片段的获取

### 2.1.1 总 RNA 提取结果

琼脂糖凝胶经电泳检测，28S、18S 条带清晰(图 3 - 1)。表明已经获得纯度和质量都较好的总 RNA。

### 2.1.2 PCR 扩增产物电泳结果

PCR 产物经 DNA 凝胶回收试剂盒回收后与 pUCm - T 载体在 16℃连接过夜，

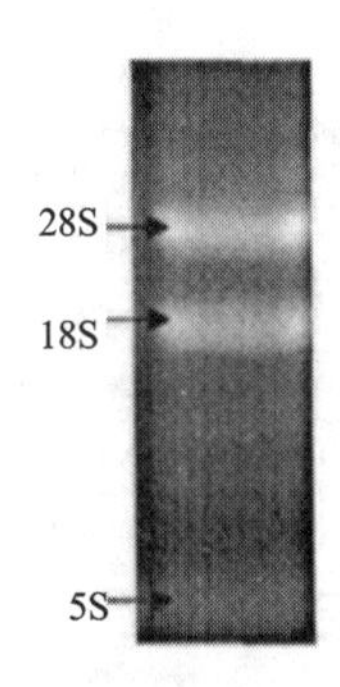


**图 3－1　脑垂体总 RNA 电泳图**

连接产物转化大肠杆菌 DH5α 感受态细胞。经复苏培养后，取部分菌液涂布在 X－Gal 和 IPTG 的 LA 平板上，37℃培养过夜，随机挑取 4 个白色菌落接种于 LB 培养基，37℃振动培养过夜。经菌落 PCR 鉴定为阳性的菌液抽提质粒，再进行质粒 PCR 鉴定。将出现目的片段的质粒测序。从菌落 PCR 结果(图 3－2)看，4 个转化子中有 3 个为阳性菌落，进一步质粒 PCR，发现全部能扩增出目的片段。

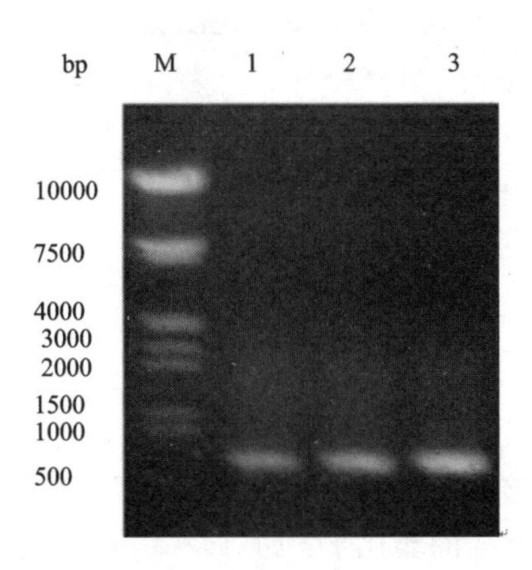


**图 3－2　RT－PCR 扩增产物电泳图**

### 2.1.3　同源性分析

将克隆得到的 GH 序列，与 GenBank 数据库中下载的青鱼(AF389238)GH cDNA 编码区序列进行比较，发现八种鱼类 GH cDNA 编码区序列同源性达到了 98%(图 3－3)。以上表明青鱼 GH 基因克隆成功。

```
AF389238    ...........................ATGGCTAGAGCAT      13
青鱼        GTGATGGATATCTGCAGAATTGCCCTT-------------     520
AF389238    TAGTGCTGTTGTCGGTGGTGCTGGTTAGTTTGTTGGTGAA      53
青鱼        ----------------------------------------     560
AF389238    CCAGGGGACGGCCTCAGAGAACCAGCGGCTCTTCAACAAC      93
青鱼        ----------------------------------------     600
AF389238    GCAGTCATCCGTGTTCAACACCTGCACCAGCTGGCTGCAA     133
青鱼        ----------------------------------------     640
AF389238    AAATGATTAACGACTTCGAGGACAACCTGTTGCCTGAGGA     173
青鱼        ----------------------------------------     680
AF389238    ACGCAGACAGCTGAGTAAAATCTTTCCTCTGTCTTTCTGC     213
青鱼        ----------------------------------------     720
AF389238    AACTCTGACTCTATTGAGGCGCCCACTGGAAAAGATGAAA     253
青鱼        ----------------------------------------     760
AF389238    CACAGAAGAGCTCTATGTTGAAGCTCCTTCGCATCTCTTT     293
青鱼        ----------------------------------------     800
AF389238    CCGCCTCATTGAGTCCTGGGAGTTCCCCAGCCAAACCCTG     333
青鱼        ----------------------------------------     840
AF389238    AGCGGAGCCATCTCAAACAGCCTGACTGTCGGGAACCCCA     373
青鱼        ----------------------------------------     880
AF389238    ACCAGATCACTGAAAAGCTGGCTGACTTGAAAGTGGGCAT     413
青鱼        -------------G--------------------------     920
AF389238    CAGCGTGCTCATCAAGGGATGTCTGGATGGTCAACCAAAC     453
青鱼        ----------------------------------------     960
AF389238    ATGGATGATAACGAATCCCTGCCGCTGCCTTTTGAGGATT     493
青鱼        ----------------------------------------    1000
AF389238    TCTACTTGACCATGGGGGAGAGCAGCCTCAGAGAGAGCTT     533
青鱼        ----------------------------------------    1040
AF389238    TCGTCTTCTTGCTTGCTTCAAGAAGGACATGCACAAGGTG     573
青鱼        ----------------------------------------    1080
AF389238    GAAACTTACCTGAGGGTTGCAAATTGCAGGAGATCCCTGG     613
青鱼        ----------------------------------------    1120
AF389238    ATTCCAACTGCACCCTGTAG....................     633
青鱼        --------------------AAGGGCAATTCCAGCACACT    1160
AF389238    ........................................     633
青鱼        GGCGGCCGTTACTAGTGGATCCGAGCTCGACCAACCCAAT    1200
AF389238    .................                            633
青鱼        GAAAATAAGCCATAAGC                           1217
```

图 3-3 青鱼 cDNA 序列比对图

# 第三节 转化

为了提高转化时的整合效率，重组质粒首先需要通过酶切线性化。选用不同的内切酶线性化可得到不同的转化子：如对载体 pPIC9K 选用 Bgl Ⅱ 线性化，转化后可得到 Mut + 表型转化子；选用 SalI 或 StuI 线性化，转化后可得到 Muts 表型转化子。

酵母转化的常见方法有：原生质球法、电激转化法、聚乙二醇（PEG）法和氯锂法（LiCl）法。原生质球和电激转化法效率较高（$10^3$ ~ $10^4$转化子/μgDNA）；PEG 法和 LiCl 法虽然简单，但转化效率较低，且不易形成多拷贝转化子。

# 1　材料与方法

## 1.1　材料

### 1.1.1　菌株和质粒

毕赤酵母 GS115、克隆载体 PEASY－T1 Simple cloning、表达载体 pPIC3.5K（图 3－4）。

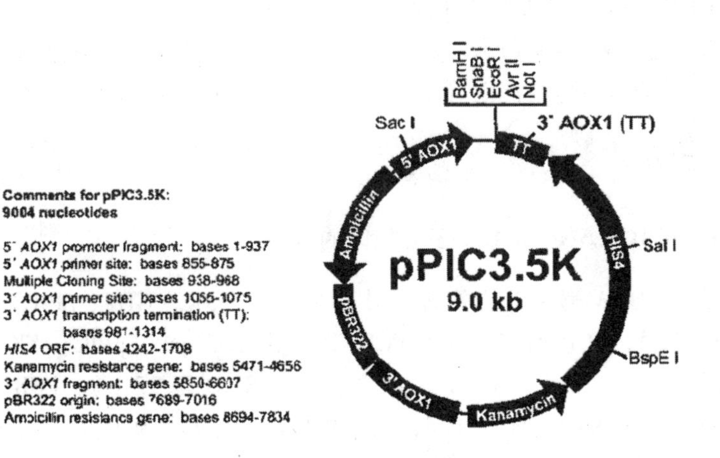


**图 3－4　pPIC3.5K 载体物理图谱**

### 1.1.2　主要仪器设备

微波炉（WP 800 TL23－K3）、基因导入仪（Scientz－2C）、PCR 扩增仪（2700 型）、稳压电泳仪（Power Pac－200 型）、旋涡混合器（XW－80A）、蛋白核酸定量测度仪（RS232C）、台式高速冷冻离心机、（5415R）、电脑恒温层析柜（CXG－1）、艾科浦超纯水系统（AYJ1－1002－U）、全自动高压灭菌锅（ES－315）、数显电热培养箱（HPX－9162 ME）、无菌工作台（YJ－900B）、移液枪、分析天平（GB303）。

### 1.1.3　主要药品和试剂

PCR TaqMix、T4 DNA 连接酶、限制性内切酶、抗生素 G418 和酵母氮源（YNB）均、质粒小量提取试剂盒、DNA 凝胶回收试剂盒和质粒提取试剂盒。

#### 1.1.4 培养基

LB 液体培养基：胰蛋白胨 10 g、酵母提取物 5 g、NaCl 10 g，溶解于 1 L $ddH_2O$ 中，121℃灭菌 20 min。

LB 固体培养基：胰蛋白胨 10 g、酵母提取物 5 g、NaCl 10 g、琼脂粉 12 g，溶解于 1 L $ddH_2O$ 中，121℃灭菌 20 min。

LA 培养基：LB 培养基中加终浓度为 50 μg/mL Amp。

YPD 完全培养基：酵母粉 10 g、蛋白胨 20 g、葡萄糖 20 g，溶解于 1 L $ddH_2O$ 中，121℃灭菌 20 min。

YPD 固体培养基：1 L YPD 培养液加琼脂粉 15 g。

MD 选择培养液：YNB 13.4 g、葡萄糖 20 g、琼脂粉 20 g，溶解于 1 L $ddH_2O$ 中，121℃灭菌 20 min，待温度降至 60℃，在超净工作台加入 500 × B 2 mL。

### 1.2 方法

#### 1.2.1 pPIC3.5K – bcGH 表达载体的构建

以合成的 cDNA 第一链为模板，用引物 pPIC3.5K – GHF、pPIC3.5K – GHR 进行 PCR 扩增。PCR 体系：2 × PCR TaqMix12.5 μL、pPIC3.5K – GHF 和 pPIC3.5K – GHR 各 1 μL，cDNA 2 μL，添加 dd $H_2O$ 至 25 μL。PCR 扩增程序：94℃预变性 3 min，94℃变性 1 min，55℃退火 1 min，72℃延伸 1 min，30 个循环，72℃延伸 10 min。PCR 产物经凝胶回收试剂盒纯化后，用 EcoR I 和 Not I 双酶切 PCR 产物，经酚氯仿抽提后，与同样进行双酶切且经碱性磷酸酶处理的 pPIC3.5K 载体片段连接，转入大肠杆菌 DH5α，筛选阳性克隆，提取质粒，菌落 PCR，EcoR I 和 Not I 双酶切鉴定，鉴定为阳性的克隆进一步测序分析。将获得的阳性重组质粒命名为 pPIC3.5K – bcGH。

#### 1.2.2 转化酵母细胞

1.2.2.1 酵母感受态细胞的制备

(1)将酵母菌 GS115 接种到 YPD 板，30℃培养 3 ~4 d；

(2)挑取酵母单菌落，接种至含有 5 mL YPD 培养基的 50 mL 三角瓶中，30℃、250 ~300 r/min 培养过夜；

(3) 取 100 ~500 μL 的培养物接种至含有 500 mL 新鲜培养基的 1 L 三角摇瓶中，28 ~30℃、250 ~300 r/min 培养过夜，至 *A* 600达到 1.3 ~1.5；

(4) 将细胞培养物于 4℃离心 5 min，用 500 mL 的冰预冷的无菌水将菌体沉淀重悬；

(5) 按步骤(3)离心，用250 mL 的冰预冷的无菌水将菌体沉淀重悬；

(6) 按步骤(3)离心，用20 mL 的冰预冷的1 mol 的山梨醇溶液将菌体沉淀重悬；

(7) 按步骤(3)离心，用1 mL 的冰预冷的1 mol 的山梨醇溶液将菌体沉淀重悬，其终体积约为1.5 mL，分装80 μL 每管，-80℃保存或液氮保存备用。

1.2.2.2 pPIC3.5K - bcGH 载体转入酵母

于液氮中取出 GS115 酵母感受态，将其立即置于冰上至开始融化，加线性化的 pPIC3.5K - bcGH 重组载体(5 ~ 10 μg)与 GS115 酵母感受态混合，转入预冷的0.1 cm 电转杯中；在冰上放置5 min；按电压600 V、电阻400Ω、电容25 μF 的条件进行电击；立即加入1 mL 预冷的1 mol/L 山梨醇至杯中，立即涂于 MD 平板上(200 μL 每平板)；30℃倒置培养3 ~ 4 d，至克隆(His + 转化子)产生。

# 2　结果与分析

## 2.1　重组表达载体 pPIC3.5K - bcGH 的构建与鉴定

以 cDNA 为模板，pPIC3.5K - GHR、pPIC3.5K - GHF 引物扩增 bcGH 基因。通过酶切连接转化 DH 5α 后，经 Amp 筛选和 PCR 鉴定后摇菌提质粒，用 EcoR I 和 NotI 双酶切鉴定。电泳结果见图3 - 5，构建的重组表达载体用 EcoR I 和 Not I 酶切后产生了9 kbp 和630 bp 左右的片段，与预期结果一致。

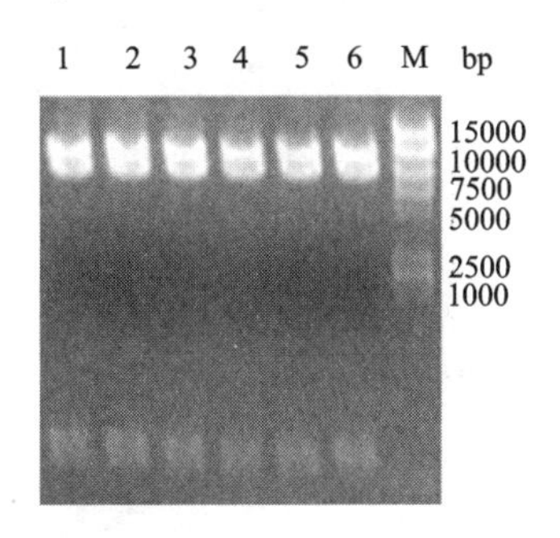


**图3 - 5　pPIC3.5K - bcGH 的 EcoRI/NotI 酶切电泳图**

## 2.2　重组酵母的获得与鉴定

经 Sal I 线性化后的重组表达载体 pPIC3.5K - bcGH 高效电转化入毕赤酵母宿主菌 GS115，经 G418 压力筛选出来的重组子，用 AOX I 通用引物进行菌落 PCR 分析染色体整合情况，结果扩增得到850 bp 左右的条带(图2 - 6)，与预期结果相符，说明 bcGH 基因已经成功整合入毕赤酵母染色体中。

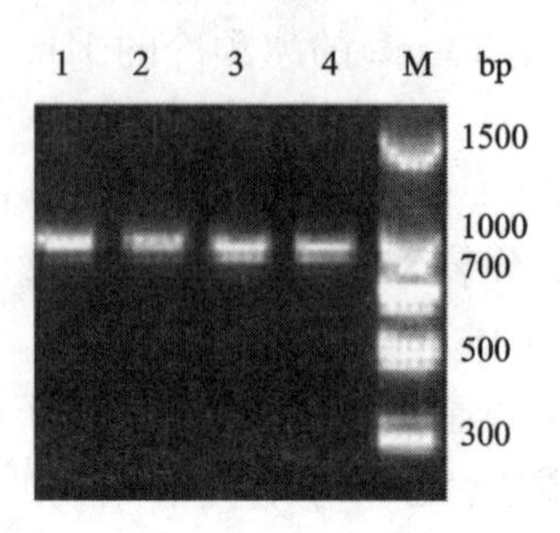


图 3-6 重组酵母菌落 PCR 图

# 第四节 筛选

转化子可用不含组氨酸的培养基或含有 Zeocin 等抗生素的培养基进行初筛，复筛可用 PCR 和原位点杂交进行。PCR 只限于少量转化子，而原位点杂交的优势在于不仅可以筛选大量转化子，而且可以鉴定多拷贝。若选用载体 pPIC9K 也可以用遗传霉素 G-418 筛选高拷贝转化子。

## 1 材料与方法

### 1.1 材料

#### 1.1.1 菌株和质粒

重组 GH 毕赤酵母(由前述实验所得)。

#### 1.1.2 主要仪器设备

仪器设备见基因克隆和转化章节。

#### 1.1.3 主要药品和试剂

PCR TaqMix、抗生素 G418 和酵母氮源(YNB)、质粒小量提取试剂盒。

#### 1.1.4 培养基

500×B(0.02% 生物素)：生物素 20 mg 溶于 100 mL $ddH_2O$，过滤灭菌，4℃

保存。

YPD 完全培养基：酵母粉 10 g、蛋白胨 20 g、葡萄糖 20 g，溶解于 1 L $ddH_2O$ 中，112℃灭菌 20 min。

YPD 固体培养基：1 L YPD 培养液加琼脂粉 15 g。

MD 选择培养液：YNB 13.4 g、葡萄糖 20 g、琼脂粉 20 g，溶解于 1 L $ddH_2O$ 中，112℃灭菌 20 min，待温度降至 60℃在超净工作台加入 500 × B 2 mL。

MM 选择培养液：YNB 13.4 g、琼脂粉 20 g，溶解于 1 L $ddH_2O$ 中，112℃灭菌 20 min，待温度降至 60℃在超净工作台加入 500 × 生物素 2 mL，甲醇 5 mL。

### 1.2　方法

#### 1.2.1　遗传霉素筛选高拷贝转化子

采用遗传霉素(G418)筛选高拷贝的阳性菌株。吸取 1 ~ 2 mL 灭菌水于将长在 MD 平板上的 His + 转化子吸取重悬于灭菌的 50 mL 离心管中，轻微混匀；分别涂布于 YPD 平板(含 G418 的浓度分别为 1.0 mg/mL、2.0 mg/mL 和 3.0 mg/mL)上培养，每个浓度用四块板；30℃孵育平板，筛选出在最高遗传霉素浓度的 YPD 平板上长出的转化子，即高拷贝转化子。

#### 1.2.2　菌落 PCR 的鉴定

把生长良好的高抗性转化子(3.0 mg/mL)菌液为模板，用 5′AOX 和 3′AOX 引物进行扩增(扩增体系及条件同前述)。PCR 循环参数为：94℃变性 5 min，然后 94℃1 min、55℃1 min、72℃1 min，共进行 30 个循环，再接着 72℃延伸10 min。PCR 产物用 1% 琼脂糖凝胶电泳鉴定。

#### 1.2.3　表型鉴定

用灭菌牙签挑取重组子单克隆，在 MM 及 MD 平板上以一定的方式点重组子，确保先在 MM 平板上点；每个克隆换一次牙签，30℃孵育；2 d 后，对比在 MD 和 MM 平板上的菌株，MD 平板正常生长而在 MM 平板上生长很小或不长的菌株是 Muts，生长一致的是 Mut + 。

## 2　结果与分析

### 2.1　转化与筛选

将重组质粒 pPIC3.5K – GH 转化 GS115，在 MD 板上获得大约 500 个重组子。

通过含不同浓度 G－418 的 YPD 平板筛选获得抗 3.0 mg/mL G－418 的高拷贝重组子 GS115－pPIC3.5K－GH 共 3 个。用 AOX I 通用引物进行菌落 PCR 分析染色体整合情况，结果扩增得到 850 bp 左右的条带(图 3－7)，与预期结果相符。说明 bcGH 基因已经成功整合入毕赤酵母染色体中。

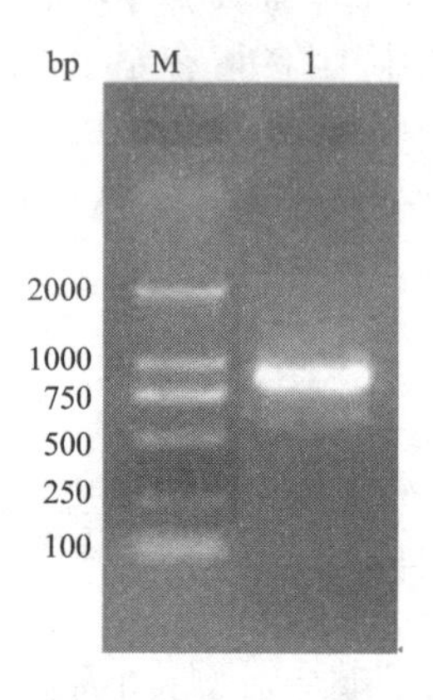


图 3－7　重组酵母 PCR 鉴定

## 2.2　表型鉴定

以 BglⅡ线性化重组质粒 pPIC3.5K－GH 后转化酵母 GS115 能通过 AOX1 基因位点的替换使外源基因同源重组到酵母染色体上。结果 AOX1 基因编码区全部被取代，使它在以甲醇为碳源的 MM 培养基上生长缓慢，而在以葡萄糖为碳源的 MD 培养基上生长正常，产生 HIS＋Muts 表型，见图 3－8 所示。

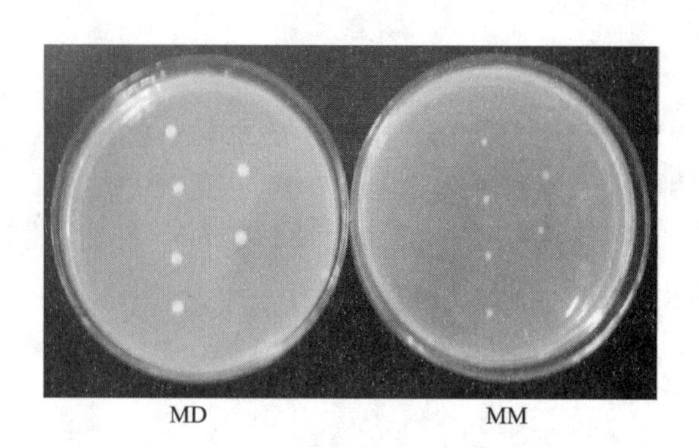


图 3－8　重组酵母表型鉴定

# 第五节　诱导表达

根据目的蛋白质的特点选择合适的培养基进行外源蛋白质的表达。表达过程分两步，即菌体生长和蛋白质诱导表达。先在以甘油为碳源的培养基上培养菌体，之后离心或静置弃上液，用以甲醇为碳源的培养基重悬菌体诱导表达，每隔24 h加适量甲醇以继续诱导。表达的条件如通气状况、培养基的组成、pH、温度、甲醇浓度等都需要优化。确定最佳条件后可以按比例放大，也可以尝试从摇瓶培养转至大规模发酵。

## 1　材料与方法

### 1.1　材料

#### 1.1.1　菌株和质粒

重组 GH 毕赤酵母 GS115。

#### 1.1.2　主要仪器设备

微波炉(WP 800 TL23－K3)、稳压电泳仪(Power Pac－200 型)、旋涡混合器(XW－80A)、蛋白质核酸定量测度仪(RS232C)、台式高速冷冻离心机(5415R)、电脑恒温层析柜(CXG－1)、艾科浦超纯水系统(AYJ1－1002－U)、全自动高压灭菌锅(ES－315)、数显电热培养箱(HPX－9162 ME)、无菌工作台(YJ－900B)、移液枪、分析天平(GB303)。

#### 1.1.3　培养基

YPD 完全培养基：酵母粉 10 g、蛋白胨 20 g、葡萄糖 20 g，溶解于 1 L $ddH_2O$ 中，121℃灭菌 20 min。

YPD 固体培养基：1 L YPD 培养液加琼脂粉 15 g。

MD 选择培养液：YNB 13.4 g、葡萄糖 20 g、琼脂粉 20 g 溶，解于 1 L $ddH_2O$ 中，121℃灭菌 20 min，待温度降至 60℃在超净工作台加入 500×B 2 mL。

BMGY 扩大培养培养基：酵母提取物 10 g、胰蛋白胨 20 g，混匀于700 mL $ddH_2O$，121℃灭菌 20 min，待温度降至室温在超净工作台加入 100 mL 1 mol/L 磷酸钾缓冲液、100 mL 10×YNB、100 mL 10×GY、2 mL 500×B 充分混匀。

BMMY 诱导表达培养基：酵母提取物 10 g、胰蛋白胨 20 g，混匀于700 mL $ddH_2O$，121℃灭菌 20 min，待温度降至室温在超净工作台加入 100 mL 1 mol/L 磷酸钾缓冲液、100 mL 10 × YNB、100 mL 10 × M、2 mL 500 × B 充分混匀。

## 1.2 方法

### 1.2.1 诱导表达

挑取阳性酵母单菌落，接种至 BMGY 培养基中，30℃、300 r/min 培养至 *A* 600达到 2 ~6，离心收菌，并重悬于 BMMY 培养基(pH 6.5)，30℃、300 r/min，培养4 d，每 24 h 补加终浓度为 1%(体积比)的甲醇。在下列的各个时间点：0 h、12 h、24 h、48 h、72 h、96 h，取 1 mL 培养基至 1.5 mL 离心管，室温、13000 r/min、5 min，收集菌体存于 -80℃用于进行 SDS - PAGE 分析。

### 1.2.2 SDS - PAGE 鉴定

分离胶和浓缩胶的配制方法见表 3 - 1：

**表 3 - 1　分离胶和浓缩胶的配制方法**

| 试剂 | 12% 分离胶配方 | 5% 浓缩胶配方 |
|---|---|---|
| 0.5MTris - Cl(pH 6.8) | / | 1.26 mL |
| 1.5MTris - Cl(pH 8.8) | 2.5 mL | / |
| 30% 丙烯酰胺 | 4.0 mL | 0.83 mL |
| 10% SDS | 0.1 mL | 0.05 mL |
| 10% 过硫酸铵 | 0.1 mL | 0.05 mL |
| TEMED | 4 μL | 5 μL |
| $ddH_2O$ | 3.3 mL | 2.77 mL |

将经过不同诱导条件表达的菌体，用 1 × PBS 缓冲液重悬菌体，冰上超声波破碎。菌体超声裂解物 4℃、12000 r/min，离心 10 min，分离沉淀，沉淀再用 1 × PBS 重悬。分别取上清液和沉淀，加入等量 2 × 上样缓冲液混合后沸水浴 10 min，进行 12% 的 SDS - PAGE 电泳分析。用考马斯亮蓝 R - 250 染色，常规脱色和扫描保存。

## 2　结果与分析

### 2.1　表达产物的鉴定及其表达条件优化

对经甲醇诱导和未经甲醇诱导的酵母培养液进行 SDS - PAGE 电泳，经考马斯亮蓝染色，表明，与空白菌比较，经甲醇诱导的样品在分子量约 23 kD 处有明显特异性条带出现，而对照酵母未出现相应蛋白带，说明这些蛋白为甲醇诱导表达产生。

配制五瓶 BMGY 液体培养基，调节其 pH 分别为 4.5、5.5、6.0、6.5、7.0，培养、诱导重组生长激素酵母菌 GSl15(pPIC3.5k - bcGH)，在诱导后的 24 h，48 h和 72 h 各时间点取样，样品经 SDS - PAGE 检测，已知，在诱导 24 h 时已经有 bcGH 表达，而72 h 时 bcGH 的表达量较其他组高。配接种同一克隆的重组菌，培养，诱导表达，在 pH 6.5 时，bcGH 表达量最高。

# 第六节　外源蛋白表达产物鉴定

## 1　材料和方法

### 1.1　材料

#### 1.1.1　外源蛋白表达产物

外源蛋白表达产物。

#### 1.1.2　主要仪器设备

微波炉(WP 800 TL23 - K3)、稳压电泳仪(Power Pac - 200 型)、旋涡混合器(XW - 80A)、蛋白质核酸定量测度仪(RS232C)、台式高速冷冻离心机(5415R)、电脑恒温层析柜(CXG - 1)、艾科浦超纯水系统(AYJ1 - 1002 - U)、全自动高压灭菌锅(ES - 315)、数显电热培养箱(HPX - 9162 ME)、无菌工作台(YJ - 900B)、移液枪、分析天平(GB303)。

## 1.2 方法

### 1.2.1 蛋白质纯化

根据 QIAGEN 的操作手册裂解和消化菌体，用 Ni Sepharose High Performance 亲和层析吸附收集纯化蛋白质。具体步骤如下：

(1)玻璃珠经 $ddH_2O$ 水洗、灭菌和干燥等预处理；

(2)诱导后，离心收集菌体，1 × PBS 洗涤菌体，离心收集菌体，置于冰上 15 min，加入适量的 Lysis buffer 和蛋白酶抑制剂(PMSF)；

(3)置于冰上预冷 30 min，往一只新离心管(50 mL)边倒液氮边加菌液，裂解菌体；

(4)将液氮裂解过的菌体置于冰上融解，加入等体积的玻璃珠，台式混合器上混匀 10 min；

(5) 4℃、13000 r/min，离心 10 min，去上清液；

(6)重复上一步骤；

(7)加 2 mL 镍凝胶(20% 乙醇保存)于柱内，再往里注入 $ddH_2O$ 洗涤镍凝胶，洗净乙醇；

(8)加适量菌体蛋白上清液于柱内，将镍凝胶混匀吸出，并将上清液与镍凝胶混合液，置于4℃、60 min(使带组氨酸标签的目的蛋白与镍凝胶充分结合)，期间并不时混匀；

(9)将上述混合物倒入柱中，过滤；

(10)加入 Wash buffer 重复洗涤几次；

(11)分批加适量的 Elution buffer 溶解蛋白，并收集 Elution buffer 和蛋白混合液；

(12)洗脱的样品装入截留相对分子质量为 3 kD 的透析袋后，放入 1 L 0.9% NaCl 溶液中，4℃透析。透析后的样品进行 SDS - PAGE 电泳和 Elisa 鉴定。

### 1.2.2 Elisa 分析鉴定

以鼠抗青鱼生长激素为一抗，羊抗小鼠 lgG 为二抗，显色底物为 3′3′5′5′ - 四甲基联苯胺[TMB]。分别用免疫前的小鼠血清和 PBST 作阴性对照和空白对照。具体操作如下：

(1)包被液稀释抗原(纯化的目的蛋白)：将抗原稀释 2000 倍、4000 倍、8000 倍、16000 倍、32000 倍、64000 倍，并将稀释液滴加到聚苯乙烯微量酶标板上；

(2) 4℃包被过夜，数次洗脱，充分洗净未结合的抗原和杂质；

(3)每孔加 100 μL 封闭液，37℃温育 30 min，洗涤数次；

(4)封闭液稀释一抗(鼠抗青鱼生长激素)：稀释 500 倍、1000 倍、2000 倍、4000 倍，每孔加 100 μL 相应的一抗，37℃温育 60 min，洗涤数次；

(5)每孔加 100 μL 二抗(羊抗小鼠 lg – HRP), 37℃温育 60 min, 洗涤数次;

(6)添加显色底物 TMB: 于一新离心管中, 先加 3 mL 染色 A, 再加 3 mL 染色 B(避光)混匀, 每孔添加 100 μL 显色底物;

(7)终止反应: 每孔立即添加 50 μL 终止液(2M $H_2SO_4$);

(8)上酶标仪检测($A_{450}$)

### 1.2.3　目的蛋白定量检测

由于蛋白质溶液在 $A_{450}$ 波长范围内的吸光度与其含量成正比, 目的蛋白的定量检测参照紫外吸收法, 以 1 mg/mL BSA 为标准蛋白, 然后用 1X PBS 依次稀释成不同浓度, 酶标仪测定在 $A_{450}$ 下的吸光度, 并蛋白含量标准曲线, 然后根据标准曲线的回归方程计算出目的蛋白的表达量。

## 2　结果与分析

### 2.1　表达产物纯化及 Elisa 鉴定

重组生长激素酵母菌 GSl15 在 pH 6.5 的培养基中诱导表达 72 h 后, 菌液经液氮、玻璃珠的裂解, Ni – NTA Magnetic Agarose Bead 吸附带 6 × 组氨酸标签的重组青鱼生长激素多肽。经过亲和吸附后, 只留下经诱导的菌株表达的青鱼生长激素的融合蛋白。纯化产物分别稀释 2000 倍、4000 倍、8000 倍、16000 倍、32000 倍、64000 倍, 一抗分别稀释 500 倍、1000 倍、2000 倍、4000 倍, 同时做阴性对照和空白对照, Elisa 检测蛋白免疫原性(图 3 –9)。

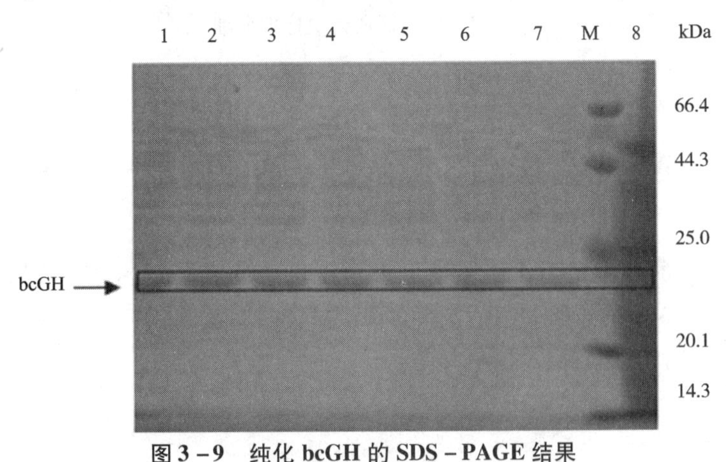


**图 3 –9　纯化 bcGH 的 SDS – PAGE 结果**

1 ~7: 纯化的 bcGH; M: 蛋白 marker; 8: 未纯化蛋白

### 2.2 目的蛋白含量测定

用 1×PBS 将 BSA(1 mg/mL)稀释一系列的浓度，并测得其相应的 $A_{450}$ 平均值(表 3-2)，制作成标准曲线见图 3-10。测得镍凝胶亲和层析纯化的 bc-GH 蛋白的 $A_{450}$ 平均值为 0.4122，从回归方程 $y = 0.7708x + 0.068$ 中，可计算出 bc-GH 表达量为 893 mg/L。

**表 3-2 标准蛋白的紫外吸光度($A_{450}$)**

| 样品 | 1 | 2 | 3 | 4 | 5 | 6 | 7 |
| --- | --- | --- | --- | --- | --- | --- | --- |
| 标准蛋白浓度/(mg·mL$^{-1}$) | 0.125 | 0.250 | 0.375 | 0.500 | 0.625 | 0.750 | 1.000 |
| 吸光度($A_{450}$) | 0.175 | 0.306 | 0.363 | 0.470 | 0.654 | 0.691 | 0.830 |

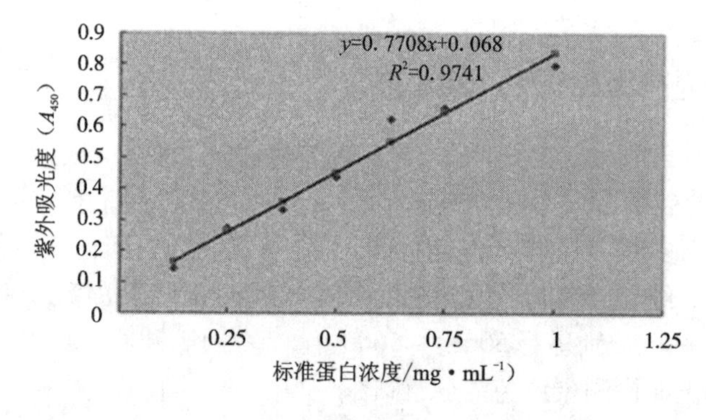


图 3-10 蛋白含量标准曲线

## 第七节 影响外源蛋白表达的因素及策略

已经整合的外源基因在毕赤酵母表达系统中的高效表达是一个复杂生理过程，受到诸多因素的影响，包括选择的表达载体系统、外源基因的内部结构、培养条件、蛋白酶的降解以及发酵参数等。

# 1　表达载体系统

## 1.1　载体

根据基因的表达定位及目的来选择合适的载体。一般而言，对于非分泌蛋白采用胞内表达方式，可选择胞内表达载体，如 pPIC3. 5KpHIL - D2、pA0815、pPIC3K、pPICZ、pHWO10、pGAPZ、pGAPZa 等；而对于正常分泌蛋白则选择分泌型表达载体，如 pPIC9、pHIL - S1、pPICZα、pYAM75P 等，这样更有利于表达产物的分离纯化，常用的分泌信号序列是 α 因子。另外，pPIC9K、pPIC3. 5K、pAO815 是多拷贝插入表达载体，可以增加外源基因整合拷贝数。体内整合(pPIC3.5K、pPIC9K)可通过高遗传霉素抗性筛选可能的多拷贝插入；而体外(pAO815)整合可通过连接产生外源基因的串联插入。

## 1.2　启动子

P. pastorls 载体中最常用的启动子为 Aoxl 启动子，许多蛋白在 PAOX1 作用下得以成功表达，但利用该启动子的缺陷在于反复添加甲醇、操作麻烦且易产生污染。在 P. Pasotris 中克隆得到一个组成型启动子——PGAP(三磷酸甘油醛脱氢酶启动子)，由于该组成型启动子不需甲醇诱导，发酵工艺更为简单，产量高，所以它是一个很有潜力的启动子。

## 1.3　信号肽

外源蛋白的分泌需要信号肽引导并沿一定途径才能分泌至细胞外。P. Pastoris自身分泌的蛋白质很少，分泌表达是一种理想的蛋白质生产方式，既可以减轻宿主细胞代谢负荷又有利于蛋白质的提取和纯化。毕赤酵母表达系统一般利用两种来源的信号肽序列：外源基因本身携带的信号肽序列和酵母的信号肽序列(如 α 因子、PHO1 信号肽序列)。利用外源蛋白自身信号肽与酵母信号肽表达外源蛋白均有成功报道。其中由 87 个氨基酸组成 d 的 α 因子信号肽使用最广，在构建 α 因子信号肽融合基因时，需保留 KeX2 蛋白酶切位点附近的谷氨酸 - 丙氨酸(Glu - Ala)间隔区以避免错误切割。如果外源基因产物不能分泌到体外，还可将产物连上一个定向肽，使其定向运输到过氧化物酶体中，以免产物积累对宿主细胞造成毒害，同时产物自身的稳定性会大大增强。

## 2 外源基因的性质

不同来源的外源基因在毕赤酵母表达系统中的表达水平相差很大，这可能是由不同外源基因性质的不同而导致的，如明胶的表达量可达到 14.8 g/L，而马铃薯三磷酸腺苷双磷酸酶的表达量仅为 0.001 g/L，甚至 HIV 表面糖蛋白不能表达。有以下几个方面影响外源基因自身的高效表达。

### 2.1 UTR 序列

mRNA 5′端和 3′ 端的 UTR 的长度及核苷酸序列对外源基因在酵母中表达影响很大。由于 UTR 太长或太短都会造成核糖体 40S 亚基识别障碍，因此，一个适当长度的 5′ UTR 有助于 mRNA 进行有效的翻译。高效表达的 AOX1 基因的 mRNA 引导序列长度为 114 个核苷酸且富含 A + U ，目的基因 5 端 UTR 与 AOXI 基因的 mRNA5 端 UTR 尽可能地接近或一致才有可能获得最佳蛋白表达量。此外 5′ – UTR 应避免 AUG 序列，以确保 mRNA 从实际翻译起始位点开始进行有效翻译，AUG 周围 mRNA 的二级结构应进行调节，以使 AUG 的二级结构象 RNA 折叠分析所预测的那样具有相对的自由度。

### 2.2 A + T 含量

外源基因本身的 4 种核苷酸的含量对基因的表达起重要作用。许多高 A + T 含量的基因通常会由于提前终止而不能有效转录，共有序列 ATTATTTTATAAA 就是一个转录提前终止信号。Carol A Scorer 在表达人免疫缺损病毒(HIV)包膜糖蛋白 gpl20 时，造成了 gpl20 的转录提前终止。因此，对 A + T 含量丰富的基因应重新设计序列，使 A + T 含量控制在一个理想的理论范围之内。

### 2.3 密码子

外源基因的表达量还与密码子的选用有关。由于表达系统有密码子“偏爱性”，因此，在不改变氨基酸组成的前提下，通过修饰密码子序列也可以提高表达水平。在酵母中表达较高的基因往往是采用酵母本身所偏爱的密码子，研究也表明在所有 61 个密码子中有 25 个是酵母所偏爱的。

### 2.4 基因拷贝数

虽然对部分外源基因来说，单拷贝与多拷贝对表达量没有明显的影响；但有些基因在增加外源基因的拷贝数以后，表达量明显提高数十倍，如植酸酶基因 Phy、破伤风毒素 C 片段等。可见，基因拷贝数对其表达量的影响是无法预测的。

因此，蛋白表达量的高低是筛选高表达菌株的唯一标准。

## 3　培养条件

### 3.1　培养基组成

重组蛋白可以在 MGY/MM、BMG/BMM、BMGY/BMMY 3 种培养基中进行表达，其中 BMGY/BMMY 既含有磷酸缓冲液又含有蛋白胨和酵母提取物，能稳定分泌蛋白，使表达量大大提高，如在表达 mEGF 时，在 BMMY 培养基中单拷贝转化子表达量为 20 μg/L，而在不含蛋白胨和酵母提取物的基本培养基中表达量少于1 μg/L。

### 3.2　诱导前菌体 *A* 值

毕赤酵母中蛋白表达包括菌体生长和诱导表达二个阶段。在适宜条件下，诱导 *A* 600值越高则生物量越太，则总的表达量越高，但高密度并不一定意味着高表达，因为 *A* 600值越高培养基中氧和营养供给越受限制，而且外源蛋白的溶解性、稳定性、毒性都会对菌体产生影响。

### 3.3　温度

毕赤酵母的适宜生长温度为 28 ~30℃。在一些重组蛋白表达实例中，适当降低诱导表达阶段的培养温度能显著提高表达量。如在培养温度从 30℃降到 23℃时，鲱鱼的抗冻蛋白表达量从 5.8 mg/L 增加到 18.0 mg/L，同时细胞的存活力也得以增加，这可能是因为在低温下重组蛋白更稳定。

### 3.4　pH

毕赤酵母在比较广的 pH 范围内（pH 3.0 ~7.0）都能生长良好，因此可以选择适宜的 pH 来表达外源蛋白。有研究显示，重组克胰素在 pH 由 6 降到 4 时，表达量显著提高。

### 3.5　溶氧量

毕赤酵母是好氧菌，在诱导表达时新陈代谢旺盛要消耗大量的氧，因此溶氧量是影响表达水平极为重要的因素。在摇瓶培养条件下，只能通过减少装瓶量来增加培养基中的溶氧量。

### 3.6 甲醇

甲醇诱导的方式、用量、诱导时间都会对外源蛋白的表达水平产生影响。

### 3.7 诱导时间

诱导时间也是影响因素之一。对于毕赤酵母而言最佳诱导时间一般为 4 ~ 6 d，诱导时间过短表达量很低，诱导时间过长又可能导致外源蛋白的降解增加。因此，寻求一个最佳产量诱导时间就特别重要。

## 4 蛋白酶的降解

对于表达分泌型外源蛋白来说，蛋白酶降解是影响表达量的一个重要因素。在高密度发酵过程中，随着细胞密度的增高、重组蛋白的分泌增加，其他一些细胞内物质如蛋白酶亦会分泌增多，在培养基中积累，从而造成对重组蛋白的降解。蛋白酶降解不仅影响目的蛋白的减少，也会导致其生物活性的降低，可在分离纯化过程中造成产物污染。为了降低蛋白酶降解作用，目前一般采取以下几种方法：一是调整溶液 pH 和培养温度，以避开蛋白酶作用的最适条件，减少其对外源蛋白的降解；二是在培养液中补加一些富含氨基酸的组分和酪蛋白水解物、胃蛋白水解物，提供给酵母细胞蛋白酶过量的底物，以减少目的蛋白的降解；三是添加特异性蛋白酶（天冬氨酸型蛋白酶、半胱氨酸型蛋白酶及丝氨酸型蛋白酶）的抑制剂也可减少外源蛋白的降解；四是改造 P. pastoris 表达宿主菌株，缺失基因组中主要蛋白水解酶的基因，使目的基因稳定。使用已有的蛋白酶缺陷菌株如 SMD1168（his4 pep4）、SMD1165（his4prb1）和 SMD1163（his4pep4prb1）亦可避免产物降解的发生。但是这些菌株活力较差，转化率低，生长缓慢，所获外源目的蛋白产量较低。因此，只有在其他降低蛋白酶解方法均不理想时，才使用蛋白酶缺陷型菌株。

## 5 发酵参数

鉴于发酵罐培养较之摇瓶培养在溶解量、pH、通气量和营养补给方面的优越性，有条件可以用发酵罐进行发酵条件的研究，从而大大提高表达量，如在表达 mEGF 时，发酵罐较之摇瓶培养提高至约 10 倍，从 48 mg/L 到 447 mg/L；在表达破伤风肠毒素 c 片段时，发酵罐也提高表达量 10 ~ 20 倍。

# 实训二　人源抗 EGFR 单链抗体开发与应用

## 第一节　概述

抗体(antibody)在生物及医学领域中有着极为广泛的应用，它的制备技术经历了三个主要发展阶段：多克隆抗毒血清、单克隆抗体和基因工程抗体。20 世纪 70 年代，Ml－stein 和 Kohler 建立了体外细胞杂交融合技术，通过杂交瘤细胞，制备了只针对一种特定抗原决定簇的单克隆抗体。得益于单克隆抗体的高度特异性，其在分子生物学、基础医学、细胞生物学、临床诊断等领域得到了广泛应用。与此同时，单克隆抗体也存在一些固有的缺陷，如抗体分子量较大，所得抗体是非人源性抗体，临床应用会产生人抗鼠抗体反应(HAMA)等，极大地妨碍了其在临床上的应用。为了克服单克隆抗体的以上缺点，科学家们利用基因工程技术制备了人鼠嵌合抗体和人源化抗体，大大减少甚至消除单克隆抗体中的鼠源性成分，在保留原有抗体特异性的同时有效地降低了免疫原性。该技术手段主要是将抗体的基因结构与功能与基因工程技术有机结合起来，在 DNA 的水平上将抗体分子进行重组后进行表达，这类抗体被称为基因工程抗体，继多克隆抗体与单克隆抗体之后，被归为第三代抗体。根据不同的来源，可将基因工程抗体分为两类：①对已有单克隆抗体进行分子改造，包括构建小分子抗体(minibody、scFv、Fab、diabody、dsFv 等)和融合抗体、单克隆抗体的人源化(人鼠嵌合抗体、全人源化抗体等)；②构建抗体库，不需抗原免疫便可从中筛选并克隆所需的单克隆抗体。

近 30 年来，通过基因工程的方法在 DNA 水平对抗体分子进行加工、改造，开发出了一大批可用于科学研究、医学诊断和临床治疗的小分子抗体。这些小分子抗体既保留了亲本抗体的活性和生物学特征，且去除了大分子抗体中大部分的非必需结构，使其更利于体内诊断和治疗。单链抗体(scFv)因其独特优势，受到广泛关注和研究。

## 1 单链抗体的结构和特点

在分子结构上，单链抗体是将抗体的轻链可变区和重链可变区通过15~25个氨基酸的柔性短肽以肽键连接形成的重组蛋白，是亲本抗体中与抗原特异性结合的最小功能结构单位。相比传统抗体，单链抗体具有以下几方面的显著优势：①有效地保留了亲本抗体的抗原结合位点的位置、构型以及对抗原的特异性和亲和力；②相对分子质量小；③相对于大分子抗体具有很好的穿透性，易透过毛细血管壁进而与靶细胞进行接合，非常适用于肿瘤的分子诊断和靶向治疗；④分子结构简单，易于进行分子改造；⑤可由大肠杆菌等原核表达系统进行大批量生产，成本低；⑥不同于常规抗体制备程序，可获得常规方法难以实现的全人源抗体和毒素类抗体。但是单链抗体也存在一些明显的缺点，如体内半衰期短，难以达到诊断和治疗所需的作用时间；与抗原亲和力较低；结构稳定性差等。

## 2 单链抗体的表达

### 2.1 原核生物

以大肠杆菌为例，其生长速度快，发酵周期短，可快速产生大量蛋白质，常用于小分子抗体的大规模发酵和生产。研究发现，大肠杆菌是获得高纯度单链抗体最迅速的表达系统。大肠杆菌有两种表达方式：①分泌性表达，所产生的抗体分子具有生物活性，可与抗原有效结合，但其产量一般较低；②包涵体表达，这种方式的产量较高，但需要对所表达的抗体分子进行复性等后期加工处理。此外，大肠杆菌不能对所表达的蛋白质进行糖基化，不利于表达大分子抗体，故常用来表达单链抗体或其他小分子抗体片段。

### 2.2 真核生物

酵母菌和丝状真菌兼具真核细胞和原核细胞两种表达系统的优点，能高效率、低成本地表达单链抗体，并可对目的蛋白质进行有效加工、折叠和修饰。酵母具有接近高等真核生物的N-糖基化方式，酵母具有可能代替哺乳动物来表达具有糖基化的scFv-Fc型抗体，且酵母菌发酵表达产量比大肠杆菌要高，因此可利用酵母菌来发酵表达单链抗体。

### 2.3 植物系统

在植物器官、茎块、种子及叶片中均可表达单链抗体等小分子抗体。单链抗体在植物叶片中的表达量可达总可溶蛋白的0.1%。由于植物表达系统的高度复杂性，目前对植物表达系统的应用依然较少。

## 3 单链抗体的应用

单链抗体具有体积小、相对分子质量小、无 Fc 结构域等特点，使得单链抗体在许多领域具有广阔的开发应用前景。

### 3.1 单链抗体在抗肿瘤方面的应用

#### 3.1.1 靶向治疗

肿瘤的靶向治疗是单链抗体最直接的应用领域。由于单链抗体具有穿透力强、靶向性好、副作用小、免疫原性低等优点，因此，在靶向治疗中拥有特殊优势。以抗体导向酶—前药疗法为例，将药物活化酶与肿瘤靶向单链抗体在进行连接(抗体导向酶)，经静脉给药后通过单链抗体部分靶向肿瘤部位，再将低活性或无活性前药通过静脉注射给药，抗体导向酶在肿瘤部位激活前药，使得肿瘤组织内活化药物大量富集，同时避免了活化药物对肝肾等组织造成伤害。目前，单链抗体的抗肿瘤研究，已在免疫毒素、靶向脂质体、单链抗体融合蛋白及靶向性病毒载体等方面取得了较大进展。Castoldi 等研制出一种特殊的双特异性单链抗体，能够通过阻碍 Met 和表皮生长因子受体(EGFR)发挥作用，抑制肿瘤细胞增殖。免疫毒素则是将毒素与单链抗体进行连接，单链抗体与毒素偶联后可通过单链抗体部分特异性结合靶细胞表面抗原，经靶细胞内化后，毒素部分进入靶细胞内引起靶细胞的凋亡，以此提高毒素对靶细胞的特异性杀伤力。

#### 3.1.2 影像分析

经特定同位素标记的针对肿瘤特异性抗原或肿瘤相关抗原的单链抗体可用于肿瘤影像学分析，将标记后的单链抗体注入体内，通过单链抗体靶向肿瘤，同位素显影确定肿瘤的位置。也可依靠放射性同位素产生的放射性效应发挥放射性免疫治疗的作用。由于单链抗体的相对分子质量较小，可高效、快速、特异性地渗入肿瘤组织内部，可使肿瘤组织定位影像清晰、明确，同时也极大地避免非特异性损伤，并且具有远高于大分子抗体的清除率。

### 3.1.3 其他方面

不同的单链抗体可融合成双特异性抗体，既能够特异性识别肿瘤细胞，又能选择性杀伤肿瘤细胞。抗 CHMP5 单链抗体与逆转录病毒蛋白融合，能够通过逆转录蛋白感染靶细胞进而通过阻断 CHMP5 诱导细胞凋亡，可用以消灭白血病细胞。Gomes 等把编码亲和素的基因与单链抗体基因连接，使融合蛋白形成四聚体复合物，可同时结合生物素与抗原，因此，可利用免疫印迹和 Elisa 技术直接检测相应抗原。Patel 等，于 2014 年开发出一种重组单链抗体，该抗体可对抗错误折叠的超氧化物歧化酶进而消灭腺病毒。

## 3.2 单链抗体在抗病原体领域的研究

### 3.2.1 抗病毒

近年来，我国在 PRRSV（猪繁殖与呼吸综合征病毒）重组疫苗的开发研究上取得了重大突破。郭广君等利用单链抗体技术构建了 PRRSV 基因缺失型疫苗株。作为疱疹病毒，伪狂犬病毒能通过呼吸道、消化道和胎盘等途径进行传播，导致部分禽类和哺乳动物发热、精神抑郁甚至死亡。陈陆等以伪狂犬病病毒为材料，先后研制了 g E -/g I -、TK -/g E -/g I -、TK - 等基因缺陷型突变株，作为伪狂犬病疫苗通过相关动物实验证明了其安全性。曾伟伟等通过构建单链抗体文库，筛选获得了抗呼肠孤病毒外壳蛋白 VP4 的单链抗体，可用于研究呼肠孤病毒与靶细胞的相互作用。

### 3.2.2 抗细菌

近年来，单链抗体在抗动物、植物致病性微生物方面的研究与应用也取得了巨大的进步。王报贵等利用分子生物学和基因工程的手段成功地获得了针对肠炎沙门菌的单链抗体。殷幼平等开发的单链抗体可用于柑橘溃疡病，为制备病害治疗性抗体提供了有效的方案。

### 3.2.3 抗寄生虫

通过生物工程技术进行批量生产进一步人源化单链抗体，并将其应用到疟疾的诊断和治疗方面，是近年来单链抗体在抗寄生虫方面的研究热点。何卓等成功地构建了日本血吸虫未成熟卵的单链抗体库。

## 3.3 自身免疫疾病研究

风湿、艾滋病等自身免疫疾病的产生机理也与自身抗体的合成有关。非正常的机体会自发产生高亲和力的自身抗体，同时在 ADCC 作用或激活补体系统等机制的影响下产生病变。单链抗体在 HIV 的治疗方面具有巨大的潜力。Yang 利用基因工程技术，在体外大量制备了 b12 - 单链抗体，并将其应用于艾滋病的被动免疫防治；杨雄等合成并克隆了 HIV - 1 可溶性单链抗体 b12 - 单链抗体，并在大肠杆菌中诱导表达，为设计新型、有效的 HIV - 1 疫苗奠定了基础。

## 3.4　scFV 在食品安全方面的应用

### 3.4.1　在毒素检测方面的应用

在食品工业生产中，黄曲霉、寄生曲霉等产生黄曲霉毒素的真菌检测涉及食品的安全性，一旦出现问题就会威胁到消费者的健康。因此，开发准确检测黄曲霉等真菌的方法至关重要。廖玉才等利用噬菌体展示技术，从抗体库中提取出对黄曲霉具有特异识别性的单链抗体，并将其与碱性磷酸酶连接进行真菌的检测。该方法在保证检测结果准确的同时，又能保持连续几代批次的高保真性，在保持抗体活性及检测成本等方面具有极大的优势。

### 3.4.2　在农、兽药残留检测方面的应用

农产品中药物残留的检测对公共卫生安全具有重要意义。采用基因重组抗体技术，可获得用于兽药多残留快速免疫分析的广谱性抗体，使兽药残留检测分析技术更加高效、快捷。寇立泉构建了有机磷杀虫剂抗体库，建立了检测食品中有机磷的快速、有效方法。

# 4　单链抗体的展望

单链抗体作为第三代抗体，已展示出广阔的应用空间。单链抗体库技术的建立被誉为又一次革命性进展，它的出现使人源性抗体的制备问题基本得到了解决，人们可以根据需要来改造抗体的性能，并且不用通过体内免疫，在体外就可以制备各种抗体。但单链抗体也存在着一些不足之处，如与抗原的结合能力没有天然抗体强，半衰期短，稳定性不佳及无法作为长效药物进行临床应用。随着对单链抗体研究的不断深入，对存在的问题将会有比较满意的解决方案。相信在不久的将来，单链抗体将凭借自身的优势，在医学、食品卫生和农业等领域发挥巨大的应用价值。

# 第二节　全人源单链抗体噬菌体文库的构建

## 1　引言

噬菌体抗体展示技术是最常见的获得基因工程抗体的途径和技术手段之一。单链抗体是一种基因工程抗体，由抗体轻链(L 链)和重链(H 链)可变区通过柔性肽连接而成。其相对分子质量约为 28 kD，在保持抗体的亲和力的同时，具有更低的免疫原性和更好的组织穿透力。另外，单链抗体可与效应分子相连，构建具有多种新功能的抗体分子，是制备基因工程抗体药物的重要组成部分。

## 2　材料

大肠杆菌 E. coli TG1，噬菌粒载体 pCANTAB 5E，PMD19 – T 克隆载体和 pET – 28a – c( + ) 载体，辅助噬菌体 M13KO7，大肠杆菌感受态细胞 DH5α、BL21 (DE3)，200 份人外周血样品。

### 2.1　主要培养基配方

(1) LB 培养基：

| | |
|---|---|
| 酵母提取物 | 5 g |
| NaCl | 10 g |
| 蛋白胨 | 10 g |
| dd $H_2O$ | 800 mL |

充分溶解后用 NaOH 溶液调节 pH 至 7.0，定容至 1 L，在 121℃下高压灭菌，冷却后于 4℃保存。

(2) LB – A 培养基：含 50 mg/L Amp 的 LB 培养基。

(3) 2 × YT 培养基：

| | |
|---|---|
| 酵母提取物 | 10 g |
| NaCl | 5 g |
| 蛋白胨 | 16 g |
| dd $H_2O$ | 800 mL |

充分溶解后用 NaOH 溶液调 pH 至 7.5，定容至 1 L，在 121℃下高压灭菌，冷却后于 4℃保存。

(4)2×YT－A 培养基：含 50 mg/L Amp 的 2×YT 培养基。

(5)2×YT－K 培养基：含 50 mg/L Kan 的 2×YT 培养基。

(6)SOB 培养基：

| | |
|---|---|
| 酵母提取物 | 5 g |
| 蛋白胨 | 20 g |
| KCl | 0.185 g |
| NaCl | 0.5 g |
| $MgCl_2$ | 0.95 g |
| dd $H_2O$ | 800 mL |

充分溶解后定容至 1 L，在 121℃下高压灭菌，冷却后于 4℃保存。

SOB－A 培养基：含 100 mg/L Amp 的 SOB 培养基。

(7)噬菌体上层胶：

| | |
|---|---|
| 胰蛋白胨 | 1 g |
| NaCl | 0.5 g |
| 琼脂粉 | 0.6 g |
| 酵母提取物 | 0.5 g |
| dd $H_2O$ | 80 mL |

充分溶解后定容至 100 mL，在 121℃下高压灭菌，冷却后于 4℃保存。

(8)固体平板培养基：

在每升液体培养基中加 20 g 琼脂粉，121℃高压灭菌后，加入相应抗生素(如需抗生素抗性筛选，可在高压灭菌后将培养基温度降至 65℃左右，按比例加入相应抗生素后倒置平板)预制培养平板后于 4℃保存备用。本实验用到的固体培养基有 2×YT 固体培养基、LB 固体培养基、SOB 固体培养基。

## 2.2 主要溶液配方

(1)PEG/NaCl：

| | |
|---|---|
| PEG8000 | 200 g |
| NaCl | 146.1 g |
| dd $H_2O$ | 800 mL |

充分溶解后定容至 1 L，在 121℃下高压灭菌，冷却后于 4℃保存。

(2)Hank's 液：

| | |
|---|---|
| NaCl | 8.0 g |
| $NaHCO_3$ | 0.35 g |
| KCl | 0.4 g |
| $Na_2HPO_4 \cdot H_2O$ | 0.06 g |

| | |
|---|---|
| $KH_2PO_4$ | 0.06 g |
| 葡萄糖 | 1.0 g |
| 酚红 | 0.02 g |
| dd $H_2O$ | 800 mL |

充分溶解后，调节 pH 至7.4，定容至1 L，在121℃下高压灭菌，冷却后于4℃保存备用。

(3)磷酸盐缓冲液(phosphate buffered saline, PBS)：

| | |
|---|---|
| KCl | 0.2 g |
| NaCl | 8 g |
| $KH_2PO_4$ | 0.27 g |
| $Na_2HPO_4$ | 1.42 g |
| dd $H_2O$ | 800 mL |

充分溶解后，定容至1 L，在121℃下高压灭菌，冷却后于4℃保存备用。

(4)PBST 缓冲液：

PBS 缓冲液中加入0.05% Tween－20，需无菌使用时在121℃下高压灭菌。

(5)甘氨酸－盐酸缓冲液(Gly－HCl, pH 2.2)：

0.1 mol/L 甘氨酸，用 HCl 溶液调 pH 至2.2，高压灭菌，4℃保存备用。

(6)0.1% DEPC 水溶液：1 mL DEPC 加入 999 mL 灭菌 dd $H_2O$ 中，充分混匀。

(7)5×核酸电泳缓冲液 TAE Buffer：

| | |
|---|---|
| $Na_2EDTA-2H_2O$ | 3.72 g |
| Tris 碱 | 24.2 g |
| 冰醋酸 | 5.71 mL |

充分溶解后，用 NaOH 溶液调节 pH 至8.0，定容至1 L，于室温下保存。

(8)6×核酸电泳上样缓冲液：

| | |
|---|---|
| Xylene Cyanol FF | 0.25 g |
| EDTA | 4.4 g |
| Bromophenol Blue | 0.25 g |
| dd $H_2O$ | 200 mL |

充分溶解后，加入 280 mL 甘油混匀，用 NaOH 溶液调节 pH 至 7.0，再用水定容至 500 mL，室温下保存备用。

(9)核酸染料冷藏避光保存备用。

(10)琼脂糖凝胶(agarose)：

根据制胶量及凝胶浓度，称取琼脂糖粉，到 100 mL 1×TAE Buffer 溶液中，充分加热熔化，溶液冷却至60℃左右，加入适量核酸染料，充分混匀。倒入制胶模中，在室温下使胶凝固(30～60 min)，然后放置于电泳槽中进行电泳。

(11)氨苄青霉素母液：

配成50 mg/mL水溶液，经0.22 μm滤膜过滤除菌，－20℃保存备用，使用浓度为50 μg/mL。

(12)卡那霉素母液：

配成50 mg/mL水溶液，经0.22 μm滤膜过滤除菌，－20℃保存备用，使用浓度为50 μg/mL。

(13)1 M Tris－HCl（pH 7.4、7.6、8.0）：

称121.1 g Tris于1 L烧杯中，加入约800 mL的dd $H_2O$，充分溶解后，加入浓HCl，调节至所需要的pH值后用dd $H_2O$将溶液定容至1 L，室温保存备用。

| pH | 加入HCl的体积 |
|---|---|
| 7.4 | 约70 mL |
| 7.6 | 约60 mL |
| 8.0 | 约42 mL |

(14)TBST(Tris－Buffered Saline Tween－20)缓冲液：

| NaCl | 8.8 g |
|---|---|
| 1 mol/L Tris－HCl(pH 8.0) | 20 mL |
| dd $H_2O$ | 800 mL |

充分溶解后，加入0.5 mL Tween－20混匀，定容至1 L，121℃高压灭菌后4℃保存备用。

### 2.3　仪器设备

PCR仪、电脉冲基因转移仪、凝胶成像仪、核酸电泳仪、高速冷冻离心机、电热恒温水槽、微量分光光度计、旋涡混匀器、恒温摇床、超净工作台、超低温冰箱、分析天平、制冰机、自动双重纯水蒸馏器、pH计、微量振荡器、高压灭菌锅、生物安全柜、加热/制冷恒温浴槽。

## 3　方法

### 3.1　人淋巴细胞的分离纯化

收集200人份经抗凝剂处理的外周血各2 mL左右，分别从每一样本中取0.2 mL，集中后分离外周血中淋巴细胞，具体方法如下：

(1)取上述抗凝血样，与Hank's液1∶1混匀。

(2)取4 mL上述混匀血样缓慢加入含有4 mL淋巴细胞分离液的透明采血管

中，静置 5 min。

(3)水平离心机 1500 r/min 离心 15 min。观察细胞分层情况，此时离心管中细胞由上至下分四层，依次为血浆层、白色淋巴细胞和单核细胞层、淋巴细胞分离液层及红细胞层。

(4)使用 200 μL 吸头插入液面下，小心收集淋巴细胞层。

(5)使用 Hank's 液洗淋巴细胞，台盼蓝染色法观察细胞活性。

(6)重复步骤(1)至步骤(3)，直到上述血液样品全部分离。

用台盼蓝检测细胞成活率：每 0.1 mL 细胞悬液种加入等体积 0.4% 台盼蓝生理盐水溶液，混匀后滴在血球记数板上。活细胞仍然发亮，折光率高；死细胞则被染料侵透，染成蓝色，发暗。存活率 = 不着色细胞数/细胞总数 × 100% 。

## 3.2 总 RNA 提取

人淋巴细胞总 RNA 提取使用 TRIzol LS Reagent，并按照如下步骤进行操作：

(1)取 300 μL 上述淋巴细胞(约 $10^7$)加入 1.5 mL 离心管中，向离心管中加入1 mL TRIzol LS Reagent，振荡混匀后静置 5 min。

(2)向上述溶液中加入氯仿 200 μL，振荡混匀后静置 2 ~ 3 min；然后 4℃、12000 r/min 离心 10 min。

(3)小心抽取上层水相到新离心管中，加入 500 μL 异丙醇，剧烈振荡混匀后静置 10 min；然后 4℃、12000 r/min 离心 10 min。

(4)弃上清液，沉淀中加入 75% 乙醇 1 mL，震荡重悬，4℃、12000 r/min 离心 10 min。

(5)弃上清液，在通风橱风干沉淀后加入 20 μL DEPC 水溶解沉淀的 RNA。

(6)使用微量紫外分光光度计测含量，用于反转录(RT)反应。

## 3.3 cDNA 的合成

在 0.5 mL 离心管中配制反转录反应体系如下：

| | |
|---|---|
| 总 RNA 模板 | 15 μL |
| Oligod T Primer(2.5 μmol/L) | 2 μL |
| d NTP Mixture(10 mmol/L each) | 2 μL |
| DEPC 水 | 1 μL |

混合均匀后，65℃反应 5 min；12000 r/min 离心 10 s，使反应液向底部集中。

在离心管中配制反应体系如下：

| | |
|---|---|
| 上述变性退火反应液 | 20 μL |
| 5 × Primer Script Buffer | 8 μL |
| RNase Inhibitor(40 U/μL) | 1 μL |

Primer Script Rtase　　　　　　1 μL
DEPC 水　　　　　　　　　　　10 μL

混匀上述混合液 42℃反应 30 min，95℃反应 5 min，4℃保持 1 min，－80℃冻存备用。

## 3.4　DNA 片段回收

### 3.4.1　DNA 凝胶电泳检测及切胶回收

1% 琼脂糖凝胶电泳切胶回收酶切产物或 PCR 产物，具体操作步骤如下：

(1) 切取 1% 琼脂糖电泳后目的 DNA 片段处凝胶，置于 1.5 mL 离心管中，称量并计算凝胶重量。

(2) 按质量体积比 1∶3 加入试剂盒 DRI Buffer，45℃加热融化胶块，融化要彻底，不能有胶块残留。

(3) 加入总体积 1/2 的 DRII Buffer，混匀。

(4) 将上述混合液转移至 spin column 中，12000 r/min 离心 1 min。重复此步骤一次。

(5) 弃滤液，加入 500 μL Rinse A 溶液，12000 r/min 离心 1 min，弃滤液。

(6) 加入 700 μL Rinse B 溶液，12000 r/min 离心 1 min，弃滤液。重复此步骤一次。

(7) 12000 r/min 离心 1 min，弃滤液。

(8) 将上述 spin column 放入一干净的 1.5 mL 离心管中，加入 30 μL dd $H_2O$，室温静置 1 min，12000 r/min 离心 1 min。此步骤可重复一次以提高回收率，收集液即目的 DNA 溶液。

(9) 用 Nonodrop－1000 微量紫外可见分光光度计测含量后于－20℃冻存备用。

### 3.4.2　反应液中直接回收 DNA

从酶切反应液或者 PCR 反应液中回收目的产物，操作步骤参照 Tian Gen 纯化试剂盒：

(1) 向 CB2 吸附柱中加入 500 μL BL 平衡液，12000 r/min 离心 1 min，弃去废液后备用。

(2) 向酶切或 PCR 反应液中加入 2 倍体积的 PC 溶液，并充分混匀后加入上述 CB2 吸附柱。

(3) 室温放置 2 min，12000 r/min 离心 1 min，弃废液。

(4) 向上述 CB2 吸附柱中加入 600 μL 漂洗液 PW，12000 r/min 离心 1 min，

弃废液。重复一遍此步骤。

(5)将 CB2 吸附柱放回离心管中 12000 r/min 离心 2 min，弃废液。

(6)将上述的 CB2 吸附柱晾干，放入一干净的 1.5 mL 离心管中，加入 30 μL dd $H_2O$，室温静置 2 min，12000 r/min 离心 2 min。收集液即目的 DNA 溶液。

(7)用 Nonodrop - 1000 微量紫外可见分光光度计测含量后于 -20℃ 冻存备用。

### 3.4.3 DNA 片段的乙醇沉淀

(1)向 DNA 液体中加入 1/10 体积 pH 5.2 的 3 mol/L 乙酸钠 5 μL，混匀。

(2)再加入总体积 2.5 倍的预冷无水乙醇，混匀后 -20℃静置 1 h。

(3)4℃离心机 12000 r/min 离心 30 min。

(4)弃去上清液，用70%乙醇重悬沉淀，4℃、12000 r/min 离心 5 min。

(5)弃去上清液，风干沉淀，用适量 dd $H_2O$ 溶解沉淀

(6)用 Nonodrop - 1000 微量紫外可见分光光度计测含量后于 -20℃ 冻存备用。

## 3.5 scFv 基因克隆及拼接

### 3.5.1 抗体 VH 基因的克隆及装配

人源抗体重链可变区基因的扩增，所有引物可分为四组，组内两两随机组合。重链 DNA 的拼接经过 3 轮 PCR 反应。

(1)分段扩增重链基因。

重链可变区基因以人源 cDNA 为模板，分 4 段进行 PCR 扩增：CDR1、CDR2、FR3 和 CDR3。然后采用 OE - PCR 方法拼接。引物 H1F 和兼并引物 H1R 扩增抗体重链 CDR1；上游引物 H2F1、H2F2 和 H2F3 与下游引物 H2R1、H2R2、H2R3、H2R4 和 H2R5，两两组合扩增抗体重链 CDR2。抗体重链框架区 FR3 基因，由引物 FR3 - F 和 FR3 - R 扩增。上游引物 H3F1、H3F2 和 H3F3 与下游引物 H3R 组合扩增抗体重链 CDR3。扩增完成后使用每对组合使用独立 PCR 管进行反应。

反应体系如下：

| | |
|---|---|
| Extaq | 25 μL |
| Primer HF(10 mmol/L) | 2 μL |
| Primer HR(10 mmol/L) | 2 μL |
| cDNA | 3 μL |
| dd H2O | 18 μL |

总反应体系 50 μL。反应条件为：预变性 95℃、5 min，按照 94℃、30 s，55℃、30 s，72℃ 40 s 循环进行 30 次，72℃延伸 10 min，4℃保持 10 min 左右。反应完成后，每个样品取 5 μL 用于 1% 凝胶电泳检测 PCR 反应是否正常。

待所有反应完成后，将目标基因相同的 PCR 反应液等体积混合(40 μL/管)。使用 Tian Gen DNA 回收试剂盒从 PCR 反应液中回收 DNA 产物。回收产物使用微量紫外分光光度计测定回收 DNA 含量和 $A_{260}/A_{280}$值。

(2) OE－PCR 拼接 CDR1/CDR2 和 FR3/CDR3。

OE－PCR 连接 CDR1 和 CDR2 反应体系：

| | |
|---|---|
| Ex Taq | 100 μL |
| CDR1 100 ng | $x$ μL |
| CDR2 100 ng | $y$ μL |
| dd $H_2O$ | $(80-x-y)$ μL |

总反应体系 200 μL。反应条件：预变性 95℃、5 min，按照 94℃、30 s，55℃、30 s，72℃、1 min 循环进行 12 次。随后在反应液中加入引物 H1F 和 H1R 的混合液各 10 μL。按上述循环条件进行 15 个 PCR 循环反应，然后 72℃延伸 10 min，4℃保持 10 min 左右。

OE－PCR 拼接 FR3 与 CDR3 反应体系：

| | |
|---|---|
| Ex Taq | 100 μL |
| FR3　80 ng | $x$ μL |
| CDR3 120 ng | $y$ μL |
| dd $H_2O$ | $(80-x-y)$ μL |

总反应体系 200 μL。反应条件为：预变性 95℃、5 min，按照 94℃、30 s，55℃、30 s，72℃、1 min 循环进行 12 次。随后在反应液中加入引物 FR3F 和 H3R 各10 μL。按照上述循环条件进行 15 个 PCR 循环反应，然后 72℃延伸 10 min，4℃保持 10 min 左右。

取 CDR1/CDR2 和 FR3/CDR3 反应液各 5 μL 用于凝胶电泳检测 PCR 反应。使用 Tian Gen DNA 回收试剂盒从 PCR 反应液中回收 DNA 产物，并使用微量紫外分光光度计检测回收 DNA 含量和 $A_{260}/A_{280}$值。

OE－PCR 拼接重链 VH 基因。

OE－PCR 拼接 CDR1/CDR2 与 FR3/CDR3 反应体系：

| | |
|---|---|
| Extaq | 100 μL |
| CDR1/CDR2 90 ng | $x$ μL |
| FR3/CDR3 110 ng | $y$ μL |
| dd $H_2O$ | $(80-x-y)$ μL |

总反应体系 200 μL。反应条件为：预变性 95℃、5 min，按照 94℃、30 s，

60℃、30 s，72℃、1 min 循环进行 12 次。随后在反应液中加入引物 H1F 和 L－HR 各10 μL。按照上述循环条件进行 15 个 PCR 循环反应，然后 72℃延伸 10 min，4℃保持 10 min 左右。

PCR 产物进行凝胶电泳并切胶回收 DNA 片段，并使用微量紫外分光光度计检测回收 DNA 含量和 $A_{260}/A_{280}$值。－80℃冻存备用。

### 3.5.2 抗体 **VL** 基因的克隆

使用 cDNA 作为模板扩增抗体轻链可变区(VL)基因。

引物反应条件如下：

| | |
|---|---|
| Extaq | 25 μL |
| Primer HF(10 mmol/L) | 2 μL |
| Primer HR(10 mmol/L) | 2 μL |
| cDNA | 3 μL |
| dd $H_2O$ | 18 μL |

总体系 50 μL，反应条件为：预变性 95℃、5 min，按照 94℃、30 s，55℃、30 s，72℃、40 s 循环进行30 次，72℃延伸 10 min，4℃保持 10 min 左右。整个 VL 共进行 51 个独立 PCR 反应。反应完成后，每个样品取 5 μL 用于1%凝胶电泳检测 PCR 反应是否正常。

PCR 反应液等比例混合后直接从反应液中回收，然后使用引物 L－LF 和 sc Fv－Rκ/λ 分别扩增 Vκ 和 Vλ。反应条件如上，进行 15 个 PCR 循环。回收 PCR 产物后，使用微量紫外分光光度计检测回收 DNA 含量和 $A_{260}/A_{280}$值，－80℃冻存备用。

### 3.5.3 scFv 拼接

PCR 反应体系(20 μL)：

| | |
|---|---|
| Extaq | 100 μL |
| VH150 ng | $x$ μL |
| VL(κ/λ)150 ng | $y$ μL |
| dd $H_2O$ | $(80-x-y)$ μL |

总反应体系 200 μL。VH 与 VL 的 κ 链和 λ 链分别进行连接。反应条件为：预变性 95℃ 5 min，按照 94℃、30 s，60℃、30 s，72℃、1 min 循环进行12 次。在两个反应体系中都加入引物 scFv－F，再分别加入 scFv－Rκ 和 scFv－Rλ 各 10 μL。按照上述循环条件进行 10 个 PCR 循环反应，然后 72℃延伸 10 min，4℃保持10 min 左右。

反应结束后取出 5 μL 用于凝胶电泳检测，其余 DNA 从凝胶电泳中切胶回收。DNA 收后同样使用微量紫外分光光度计检测回收 DNA 含量和 $A_{260}/A_{28}0$ 值，-20℃保存备用。

## 3.6　载体 pCANTAB 5E 及 scFv 连接产物制备

### 3.6.1　pCANTAB 5E DNA 转化感受态细胞 DH5α

(1)取 100 μL 感受态细胞 DH5α 置于冰浴中。

(2)向感受态细胞悬液 DH5α 中加入 1 μL pCANTAB 5E 质粒 DNA，轻轻混匀，置冰浴中静置 30 min。

(3)将离心管置于 42℃水浴中，静置 70 s，迅速将离心管移至冰水混合物中，静置 5 min。

(4)向上述离心管中加入 900 μL 无抗性的 LB 液体培养基，混匀后于 37℃摇床中 180 r/min 振荡培养 45 min。

(5)将上述离心管 4000 r/min 离心 4 min，弃去部分培养基，留 100 μL 左右重悬菌体。

(6)将上述 100 μL 已转化的感受态细胞加到 LB - A 固体培养基上，用无菌弯头玻棒涂布均匀。

(7)倒置平板于恒温培养箱中，37℃恒温过夜培养。

### 3.6.2　pCANTAB 5E 质粒 DNA 的提取

从上述过夜培养的琼脂板上挑取单个菌落，接种于 5 mL 2 × YT - A 液体培养基，置于 37℃摇床中，250 r/min 振荡培养过夜。取上述过夜培养菌液提取噬菌体载体 pCANTAB 5E 质粒 DNA。

### 3.6.3　载体 pCANTAB 5E 及 scFv 酶切片段的制备及连接

将扩增并拼接好的 scFv 基因与载体 pCANTAB 5E 分别进行 Sfi I、Not I 双酶切处理后使用 T4 DNA 连接酶连接。

Sfi I 单酶切反应体系：

| | |
|---|---|
| 10 × M buffer | 4 μL |
| Sfi I | 2 μL |
| DNA 4 μg | $x$ μL |
| dd $H_2O$ | $(44 - x)$ μL |

50℃反应 8 h 以上。

全部反应在两个 1.5 mL 离心管中进行，DNA 分别为 pCANTAB 5E 载体及重组 scFv 片段。反应完全后各取 5 μL 用于凝胶电泳检测，其余反应液用 Tian Gen

DNA 回收试剂盒从酶切反应液中回收 DNA 产物。

Not I 单酶切反应体系(50 μL)：

| | |
|---|---|
| Not I | 4 μL |
| 10×H buffer | 5 μL |
| 0.1% BSA | 5 μL |
| 0.1% Tritonx-100 | 5 μL |
| DNA | $x$ μL |
| dd $H_2O$ | (31 − $x$) μL |

37℃反应 8 h 以上。

全部反应在两个 1.5 mL 离心管中进行，DNA 分别为上次酶切反应中回收的 pCANTAB 5E 载体及重组 scFv DNA 片段。反应完全后各取 5 μL 用于凝胶电泳检测，剩余 DNA 凝胶电泳分离后切胶回收。酶切后的 pCANTAB 5E 载体 1% 凝胶电泳后进行切胶回收。

## 3.7 连接产物电转化感受态 TG1

### 3.7.1 TG1 感受态细胞的制备

(1)取 -80℃冰箱冻存的 E. coli TG1 菌株，在新鲜的 LB 固体培养基上划线，37℃培养过夜。

(2)从上述平板上挑取单个菌落菌株，接种于 5 mL 无抗性是 LB 液体培养基，37℃、220 r/min 振荡培养过夜。

(3)将上述培养物按 1:100 的比例接种入 200 mL SOB 培养基中，37℃、220 r/min 振荡培养 2 h 左右至 $A_{600}$值为 0.5 左右。

(4)将上述培养物冰浴 30 min，轻轻摇晃以保证冷却效果。

(5)3000 r/min、4℃无菌离心沉淀菌体 15 min。

(6)弃上清液，加入 200 mL 预冷 dd $H_2O$ 重悬菌体，3000 r/min、4℃离心 15 min。

(7)弃上清液，加入 200 mL 含 10% 甘油的 dd $H_2O$，重悬沉淀，3000 r/min、4℃离心 15 min。

(8)弃上清液，加入 100 mL 含 10% 甘油的 dd $H_2O$，重悬沉淀，3000 r/min、4℃离心 15 min。

(9)弃上清液，加入 50 mL 含 10% 甘油的 dd $H_2O$，重悬沉淀，3000 r/min、4℃离心 15 min。

(10)弃上清液，加入 20 mL 含 10% 甘油的 dd $H_2O$，重悬沉淀。

(11)调整至约 $10^{10}$/mL，将每 100 μL 分装于预冷去离子的 1.5 mL 离心管中，用阳性质粒测定转化效率，其余于 -80℃冰箱保存备用。

#### 3.7.2　DNA 片段的连接和转化

按照外源基因与载体 DNA 的分子摩尔比为 3∶1 配制连接反应体系：

| | |
|---|---|
| 10×T4 DNA Ligase Buffer | 25 μL |
| DNA 片段 | 约 3 pmol |
| 载体 DNA | 约 0.3 pmol |
| T4 DNA Ligase | 10 μL |
| dd $H_2O$ | 定容至 500 μL |

16℃连接反应过夜。连接反应完成后按照前述方法进行乙醇沉淀，回收反应液中 DNA，去除盐离子，以备电转化使用。

### 3.8　噬菌体 scFv 抗体库的构建

#### 3.8.1　辅助噬菌体毒种制备

(1)取过夜培养的大肠杆菌 TG1，按 1∶100 的比例接种到 100 mL 无抗性 2×YT 培养基，振荡培养 2 h。

(2)加入辅助性噬菌体 M13KO7 5 μL，37℃震荡培养过夜。

(3)4000 r/min、4℃离心 15 min，取上清液。

(4)在上清液中加入 20 mL PEG/NaCl 溶液，冰浴 1 h 后于低温离心机中，9000 r/min 离心 30 min。

(5)弃去上清液，保留沉淀并使用 2 mL PBS 重悬。

(6)12000 r/min 离心 5 min，取上清液。

#### 3.8.2　噬菌体毒种滴定

(1)使用双层凝胶法(double agar layer method)测定噬菌体滴度，及噬斑形成单位(plaque forming unit，pfu/mL)。

(2)取辅助噬菌体 M13KO7 毒种或重组的辅助噬菌体 M13KO7 100 μL，10 倍梯度稀释。

(3)取稀释度为 $10^{-7}$、$10^{-8}$、$10^{-9}$、$10^{-10}$的样品各 10 μL，与 $A_{600}$为 1 的 200 μL TG1 培养物混合，37℃孵育 10 min。

(4)取 10 mL 青霉素瓶 4 个，每个瓶中加入已经融化的上层胶 3 mL。

(5)待瓶中上层胶温度为 40℃左右时，加入噬菌体和 TG1 的混合物，迅速混匀后倒入无抗性 LB 平板中，轻摇平板使其铺满整个培养板。

(6)待平板上层胶凝固后移至 37℃温箱培养过夜。

(7)次日观察培养板中噬菌斑形成情况，并按照下列公式计算噬菌体滴度。噬菌体滴度 = 稀释倍数 × 噬菌斑形成数 × 100。

#### 3.8.3 电转化及库容鉴定

取上述制备好的感受态细胞 100 μL，加入连接产物后将混合物置于冰浴中，将上述混合物沿管壁轻轻加入预冷的电击杯中，冰浴放置 10 min，用吸水纸擦干电击杯外壁的冷凝水后置于电转仪中，设置电压 2.0 kv、电阻 200 Ω、电容 25 μF、电击恒压时间 4.98 ms 之间，进行电转。电转后立即加入 3 mL SOB 培养基于电击杯中，重悬细胞并转移至试管中，经 37℃、1 h 振荡复苏培养。取上述培养物 100 μL，10 倍梯度稀释后涂 LB - A 固体培养板，37℃过夜培养计算库容。其余培养物加入 15% 甘油冻存。

#### 3.8.4 噬菌体库构建

(1)在 20 mL 上述培养物中加入 80 mL 2 × YT - A 培养基，37℃培养 2.5 h 左右，至培养物 $A_{600}$ 为 0.5。

(2)取 $10^{12}$ 的辅助噬菌体 M13KO7 1 mL 加入上述培养物，感染复数在 1∶100 左右，37℃静止 30 min。

(3)离心沉淀上述培养物，4000 r/min，15 min，收集沉淀。

(4)200 mL 2 × YT - A 培养基重悬沉淀，37℃震荡培养 12 h。

(5)4000 r/min，15 min 离心沉淀培养物，收集上清液。

(6)在上清液中加入 40 mL PEG/NaCl 溶液冰浴 1 h，4℃、9000 r/min 离心 30 min。

(7)弃上清液，沉淀用 4 mL PBS 重悬，该悬液即为表达 scFv 的噬菌体抗体库。

(8)测定重组噬菌体 M13KO7 的滴度。

## 第三节 抗人表皮生长因子受体单链抗体的筛选

### 1 引言

噬菌体抗体库技术是在噬菌体表面展示技术基础上建立起来的，是迄今为止，发展最成熟、应用最为广泛的抗体库技术。噬菌体表面展示是一种基因表达筛选技术，即将外源蛋白分子或多肽的基因克隆到丝状噬菌体基因组中，与噬菌体外膜蛋白融合表达，展示在噬菌体颗粒的表面。这样外源蛋白或多肽的基因型和表型统一在同一噬菌体颗粒内，通过表型筛选就可以获得其编码基因。本节采用的全人源噬菌体抗体库是单链抗体库，抗体重链可变区基因和轻链可变区基因通过一条15～20个氨基酸的连接肽连接在一起，与信号肽融合表达，在噬菌体周质腔内完成scFv抗体片段的正确折叠。其展示载体如pCANTAB5E，位于scFv抗体片段基因和gⅢ基因之间引入了琥珀突变终止密码，这样通过改变改变宿主菌的类型(在supE抑制型和非抑制型之间转换)，就可以很方便的进行噬菌体展示和抗体片段的可溶性表达，进而大大简化了特异性抗体片段的鉴定过程。

由于筛选采用的是人工制备的抗原进行包被筛选，其与细胞表面表达的天然结构的受体抗原结构可能存在差异，故通过对噬菌体抗体库筛选出的单链抗体做进一步的细胞Elisa筛选，从而获得高亲和力单链抗体。表皮癌细胞A431表面高表达EGFR，非常适用于单链抗体的体外抑制肿瘤细胞增殖测定。

我们已经制备了具有一定库容量的全人scFv源噬菌体文库，本节从噬菌体抗体库中淘选抗EGFR－tED的高亲和力抗体。首先制备具有性纤毛的大肠杆菌宿主菌和辅助噬菌体VCS－M13，扩增噬菌体展示抗体库，然后通过包被、封闭、洗涤、洗脱固相亲和筛选四轮，从第三、四轮筛选中挑选单克隆通过PCR分析、可溶性抗体片段Elisa测定、基因测序、序列比对等步骤挑选出几株高亲和力的抗体片段。经细胞Elisa进一步筛选获得最高亲和力的抗体片段用于体外抑制A431细胞增殖测定。

## 2　材料

### 2.1　菌株、载体及血样来源

大肠杆菌E. coli TG1，噬菌粒载体pCANTAB 5E，PMD19－T克隆载体和pET－28a－c(＋)载体，辅助噬菌体M13KO7，大肠杆菌感受态细胞DH5α、BL21(DE3)，200份人外周血样品。

### 2.2　主要培养基配方如下。

(1)LB培养基：

| | |
|---|---|
| 酵母提取物 | 5 g |
| NaCl | 10 g |
| 蛋白胨 | 10 g |
| dd $H_2O$ | 800 mL |

充分溶解后，用NaOH调节pH至7.0，定容至1 L，121℃高压灭菌后4℃下保存。

(2)LB－A 培养基：含 50 mg/L Amp 的 LB 培养基。

(3)2×YT 培养基：

| | |
|---|---|
| 酵母提取物 | 10 g |
| NaCl | 5 g |
| 蛋白胨 | 16 g |
| dd $H_2O$ | 800 mL |

充分溶解后，用 NaOH 调节 pH 至 7.5，定容至 1 L，在 121℃高压灭菌后 4℃下保存。

(4)2×YT－A 培养基：含 50 mg/L Amp 的 2×YT 培养基。

(5)2×YT－K 培养基：含 50 mg/L Kan 的 2×YT 培养基。

(6)SOB 培养基：

| | |
|---|---|
| 酵母提取物 | 5 g |
| 蛋白胨 | 20 g |
| KCl | 0.185 g |
| NaCl | 0.5 g |
| $MgCl_2$ | 0.95 g |
| dd $H_2O$ | 800 mL |

充分溶解后，定容至 1 L，121℃高压灭菌后 4℃下保存。

SOB－A 培养基：含 100 mg/L Amp 的 SOB 培养基。

(7)噬菌体上层胶：

| | |
|---|---|
| 胰蛋白胨 | 1 g |
| NaCl | 0.5 g |
| 琼脂粉 | 0.6 g |
| 酵母提取物 | 0.5 g |
| dd $H_2O$ | 80 mL |

充分溶解后定容至 100 mL，121℃高压灭菌后 4℃下保存。

(8)固体平板培养基：

每升液体培养基中加入 20 g 琼脂粉，在 121℃下高压灭菌后，加入相应抗生素（如需抗生素抗性筛选，可在高压灭菌后培养基温度降至 65℃左右时，按比例加入相应抗生素后倒置平板），预制培养平板后 4℃下保存备用。本实验用到的固体培养基有：2×YT固体培养基、LB 固体培养基、SOB 固体培养基。

## 2.3 主要溶液配方

(1)PEG/NaCl：

| | |
|---|---|
| PEG8000 | 200 g |

| | |
|---|---|
| NaCl | 146.1 g |
| dd $H_2O$ | 800 mL |

充分溶解后，定容至 1 L，121℃高压灭菌后 4℃下保存。

(2) Hank's 液：

| | |
|---|---|
| NaCl | 8.0 g |
| $NaHCO_3$ | 0.35 g |
| KCl | 0.4 g |
| $Na_2HPO_4 \cdot H_2O$ | 0.06 g |
| $KH_2PO_4$ | 0.06 g |
| 葡萄糖 | 1.0 g |
| 酚红 | 0.02 g |
| dd $H_2O$ | 800 mL |

充分溶解后，调节 pH 至7.4，定容至1 L，121℃高压灭菌后 4℃下保存备用。

(3)磷酸盐缓冲液(phosphate buffered saline，PBS)：

| | |
|---|---|
| KCl | 0.2 g |
| NaCl | 8 g |
| $KH_2PO_4$ | 0.27 g |
| $Na_2HPO_4$ | 1.42 g |
| dd $H_2O$ | 800 mL |

充分溶解后，定容至 1 L，121℃高压灭菌后 4℃下保存备用。

(4)PBST 缓冲液：

PBS 缓冲液中加入 0.05% Tween－20，需无菌使用时在 121℃下高压灭菌。

(5)甘氨酸－盐酸缓冲液(Gly－HCl)pH 2.2：

0.1 mol/L 甘氨酸用 HCl 调 pH 至2.2，HCl 高压灭菌，在4℃下保存备用。

(6)0.1% DEPC 水溶液：取 1 mL DEPC 加入999 mL 灭菌 dd $H_2O$ 中，充分混匀。

(7)5×核酸电泳缓冲液 TAE Buffer：

| | |
|---|---|
| $Na_2EDTA-2H_2O$ | 3.72 g |
| Tris 碱 | 24.2 g |
| 冰醋酸 | 5.71 mL |

充分溶解后，用 NaOH 调节 pH 至 8.0，定容至 1 L，室温保存。

(8)6×核酸电泳上样缓冲液：

| | |
|---|---|
| Xylene Cyanol FF | 0.25 g |
| EDTA | 4.4 g |
| Bromophenol Blue | 0.25 g |

dd $H_2O$　　　　　　200 mL

充分溶解后，加入 280 mL 甘油混匀，用 NaOH 溶液调节 pH 至 7.0，再用水定容至 500 mL，室温保存备用。

(9)核酸染料冷藏避光保存备用。

(10)琼脂糖凝胶：

根据制胶量及凝胶浓度，称取琼脂糖粉到 100 mL 1×TAE Buffer 溶液中，充分加热熔化，溶液冷却至 60℃左右，加入适量核酸染料，充分混匀。倒入制胶模中，在室温下使胶凝固(30～60 min)，然后放置于电泳槽中进行电泳。

(11)氨苄青霉素母液：

配成 50 mg/mL 氨苄青霉素水溶液，经 0.22 μm 滤膜过滤除菌，－20℃下保存备用，使用浓度为 50 μg/mL。

(12)卡那霉素母液：

配成 50 mg/mL 卡那霉素水溶液，经 0.22 μm 滤膜过滤除菌，－20℃下保存备用，使用浓度为 50 μg/mL。

(13)1 M Tris－HCl (pH 7.4、7.6、8.0)：

称 121.1 g Tris 于 1 L 烧杯中，加入约 800 mL 的 dd $H_2O$，充分溶解后加入浓 HCl 调节所需要的 pH 后用 dd $H_2O$ 将溶液定容至 1 L，室温保存备用。

| pH | 加入浓 HCl 体积 |
|---|---|
| 7.4 | 约 70 mL |
| 7.6 | 约 60 mL |
| 8.0 | 约 42 mL |

(14)TBST(Tris－Buffered Saline Tween－20)缓冲液：

| | |
|---|---|
| NaCl | 8.8 g |
| 1 M Tris－HCl(pH 8.0) | 20 mL |
| dd $H_2O$ | 800 mL |

充分溶解后，加入 0.5 mL TWeen－20 混匀，定容至 1 L，120℃高压灭菌后 4℃保存备用。

## 2.4 仪器设备

PCR 仪、电脉冲基因转移仪、凝胶成像仪、核酸电泳仪、高速冷冻离心机、电热恒温水槽、微量分光光度计、旋涡混匀器、恒温摇床、超净工作台、超低温冰箱、分析天平、制冰机、自动双重纯水蒸馏器、pH 计、微量振荡器、高压灭菌锅、生物安全柜、加热/制冷恒温浴槽。

# 3　方法

## 3.1　从噬菌体抗体库中淘选抗 EGFR 的单链抗体

### 3.1.1　制备具有性纤毛的大肠杆菌宿主菌 TG1

噬菌体感染大肠杆菌的前提是与其性纤毛结合。为了能够产生足够的性纤毛进行有效感染，37℃下培养的大肠杆菌必须在对数期内（$A_{600}$为 0.4 ~ 0.6）。具体操作如下：

（1）将 TG1 从甘油冻存管内平板划线，接种于 M9 培养基平板，37℃倒置培养36 h。4℃保存，1 周内使用。

（2）挑取单克隆菌落，接种在 5 mL 2 × TY 培养基中，37℃振荡培养过夜。

（3）第二天，1/100 稀释接种于新鲜的 2 × TY 培养基中，37℃振荡培养到对数期（$A_{600}$为 0.4 ~ 0.6），然后感染噬菌体。感染前放置冰上片刻会增强感染效果，但超过 30 min，大肠杆菌将因丢失性纤毛而不被感染。

3.1.2 野生型 M13 噬菌体滴度测定

（1）挑取 1.2.1 中 M9 平板上的 TG1 单克隆，接种于 2 × TY 培养基，37℃振荡培养过夜（8 ~ 16 h）。

（2）取过夜培养的 TG1，按 1%（*v/v*）接种于 2 × TY 培养基，37℃振荡培养至对数期（$A_{600} \approx 0.5$）。

（3）铺下层平板 TYE（1.5% 琼脂粉）。

（4）将甘油冻存的野生型噬菌体按 100 倍比例梯度稀释至 $10^{-12}$ pfu/mL，取各个稀释梯度的野生型噬菌体 10 μL 加入 200 μL 对数期 TG1，37℃水浴感染 30 min。

（5）将 3 mL 融化后的上层培养基（0.7% 琼脂粉）置于 42℃水浴中保温，加入感染后的 TG1，颠倒混匀，迅速铺于下层平板上，等待上层培养基凝固后，将平板倒置于 37℃培养箱培养过夜。

计算每个稀释度平板上噬菌斑个数，推算原始管内噬菌体的数量。

### 3.1.3　大量制备辅助噬菌体

（1）将辅助噬菌体梯度稀释（为了有效分离菌落），分别取 10 μL，加入 200 μL TG1 菌培养液中（$A_{600}$为 0.2），37℃水浴 30 min 后，加入 3 mL 融化的 H－TOP 琼脂（42℃）中，然后铺在温热的 TYE 平板上，冷却后 37℃培养过夜。

（2）挑取单个菌落接种到 3 ~ 4 mL 处于对数期的 TG1 培养物中，37℃摇床培养2 h。

(3)转接到500 mL 2×TY液体培养基(2 L摇瓶)中，继续培养1 h，然后加入25 mg/mL卡那霉素水溶液，至终浓度50~70 μg/mL，继续培养8~16 h。

(4)10800×g、4℃离心15 min，收集上清液，加入1/5体积PEG/NaCl(20% PEG、2.5 mol/L NaCl)，冰上放置30 min。

(5)再次10800×g、4℃离心15 min，沉淀重悬于2 mL PBS缓冲液中，0.45 μm膜过滤除菌。

(6)测定滴度，稀释至$1\times10^{-12}$ pfu/mL 。分装后置-20℃保存。

### 3.1.4 扩增噬菌体抗体库

(1)取1 mL保存的噬菌体抗体库(约$1\times10^{-10}$ pfu/mL)接种到500 mL 2×TY培养基中(含有100 μg/mL氨苄青霉素和1%葡萄糖)。

(2)37℃摇床培养到对数期($A_{600}$为0.4~0.6)，1.5~2 h。

(3)取25 mL培养液(约$1\times10^{10}$个细菌)，用辅助噬菌体VCS-M13感染。感染比例为细菌数/辅助噬菌体数=1/20。

(4)3300×g、4℃离心10 min，将沉淀重悬在30 mL 2×TY培养基中(含有100 μg/mL氨苄青霉素和25 μg/mL卡那霉素)。

(5)将上述菌液添加到470 mL已经37℃预温的2×TY培养基中(含有100 μg/mL氨苄青霉素和25 μg/mL卡那霉素)，30℃摇床培养过夜。

(6)10800×g、4℃离心10 min或3300×g、4℃离心30 min。

(7)收集上清液，加入1/5体积PEG/NaCl(20% PEG、2.5 mol/L NaCl)，充分混合后4℃放置1 h。

(8)再次10800×g、4℃离心10 min，沉淀重悬于40 mL水和8 mL PEG/NaCl (20% PEG、2.5 mol/L NaCl)。

(9)10800×g、4℃离心10 min或3300×g、4℃离心30 min，吸弃离心上清液。

(10)再次重悬沉淀，再次10800×g、4℃离心10 min，彻底吸弃上清液。

(11)将沉淀重悬于5 mL PBS中，11600×g，离心10 min，去除细菌碎片(沉淀)。

(12)测定噬菌体保存液的噬菌体滴度。取1 μL噬菌体保存液稀释在1 mL PBS中，从中取1 μL感染1 mL TG1菌液($A_{600}$为0.4~0.6)。将感染菌液梯度稀释后，再分别取50 μL感染菌液(原液、$1/10^2$稀释液、$1/10^4$稀释液)铺TYE平板(含有100 μg/mL氨苄青霉素和1%葡萄糖)，37℃培养过夜。噬菌体保存液的滴度应该在$10^{-10}$~$10^{-12}$ pfu/mL之间。

### 3.1.5　制备次级噬菌体抗体库

(1)将3.1.3步骤中剩余的475 mL培养液继续在37℃摇床培养2 h。

(2)3300×g、4℃离心30 min，弃上清液，将菌体沉淀重悬于10 mL 2×TY培养基(含15%甘油)，分装成10个小管。

(3)将次级噬菌体抗体库保存在-70℃。再次使用前，以PCR方法鉴定阳性克隆率及测定噬菌体滴度。

### 3.1.6　固相亲和筛选

(1)取4 mL以PBS系列稀释的EGFR(第1至第5轮淘选固定抗原的浓度分别为60 μg/mL、30 μg/mL、25 μg/mL、15 μg/mL)，加入免疫试管中，4℃包被过夜。

(2)弃上清液，以PBS迅速洗管3次。

(3)免疫管中注满2% MPBS(含有2%脱脂牛奶的PBS)，37℃封闭2 h。

(4)弃封闭液，用PBS迅速冲洗免疫管3次，简单的将PBS倒入免疫管再迅速倒出，以下洗涤操作相同。

(5)将步骤3.1.4获得的噬菌体($10^{-13}$ ~ $10^{-12}$ pfu/mL)悬浮于4 mL 2% MPBS并加入到免疫管中。室温反复倒转30 min后，于室温静置90 min以上，弃上清液。

(6)在进行第一轮筛选时，以含有0.1% Tween-20的PBS洗管10次，再以PBS洗管10次去除去污剂。第二轮以后的筛选，分别洗管20次。

(7)将PBS吸干之后，加入1 mL 100 mmol/L三乙胺[700 μL三乙胺(7.18 mol/L)加入到50 mL水中]，室温反复倒转孵育10 min，进行洗脱。

(8)在孵育过程中，准备0.5 mL 1 M Tris-HCl(pH 7.4)用于迅速中和步骤(7)洗脱下来的噬菌体。中和后的噬菌体可以直接4℃保存或用于步骤(10)感染E. coli TG1。

(9)向免疫管中加入200 μL 1 mol/L Tris-HCl(pH 7.4)中和残余的噬菌体。

(10)取9.25 mL处于对数期的TG1细菌培养物与0.75 mL洗脱下来的噬菌体混合，另外向免疫管中加入4 mL处于对数期的TG1细菌培养物。两者同时37℃水浴静置30 min。

(11)从两种已感染噬菌体的TG1细菌培养物中分别取100 μL，并分别做4~5次100倍系列稀释，然后将梯度稀释物涂布TYE平板(含有100 μg/mL氨苄青霉素和1%葡萄糖)，37℃培养过夜。

(12)剩余的两种已感染噬菌体的TG1细菌培养物3300×g、4℃离心10 min，菌体沉淀重悬于1 mL 2×TY培养基中，使用Nunc Bio-Assay Dish铺大型TYE

平板(含有100 μg/mL氨苄青霉素和1%葡萄糖)。30℃培养过夜或直至出现可见克隆。

### 3.1.7 进一步亲和筛选

(1)向长满细菌克隆的Nunc Bio - Assay Dish平板中加入5 mL含有15%甘油2×TY培养基并用玻璃涂布棒刮取细菌并收集菌体悬液。取100 μL菌体悬液加入到100 mL 2×TY培养基中(含有100 μg/mL氨苄青霉素和1%葡萄糖),要求$A_{600}$≤0.1。其余的菌体悬液于-70℃保存。

(2)37℃振荡培养至$A_{600}$≈0.5(约2 h)。

(3)加入辅助噬菌体VCS - M13感染,感染比例为细菌数/辅助噬菌体数=1/20。37℃水浴静置30 min。

(4)4℃、3300×g离心10 min,菌体沉淀重悬于50 mL 2×TY培养基中(含有100 μg/mL氨苄青霉素和25 μg/mL卡那霉素)。30℃摇床培养过夜。

(5)取40 mL过夜培养物,4℃、10800×g离心10 min。

(6)收集上清液,加入1/5体积PEG/NaCl(20% PEG、2.5 mol/L NaCl),彻底混合后4℃放置1 h以上。

(7)4℃、10800×g离心10 min,沉淀重悬于40 mL水和8 mL PEG/NaCl的混合液中。

(8)4℃、10800×g离心10 min,吸弃上清液。

(9)沉淀重悬于2 mL PBS中;4℃、11600×g离心10 min,尽量去除菌体碎片。

(10)取1 mL噬菌体4℃保存,另1 mL噬菌体用于下一轮亲和筛选。

重复3.1.6和3.1.7共进行4轮筛选,流程见图3-11。

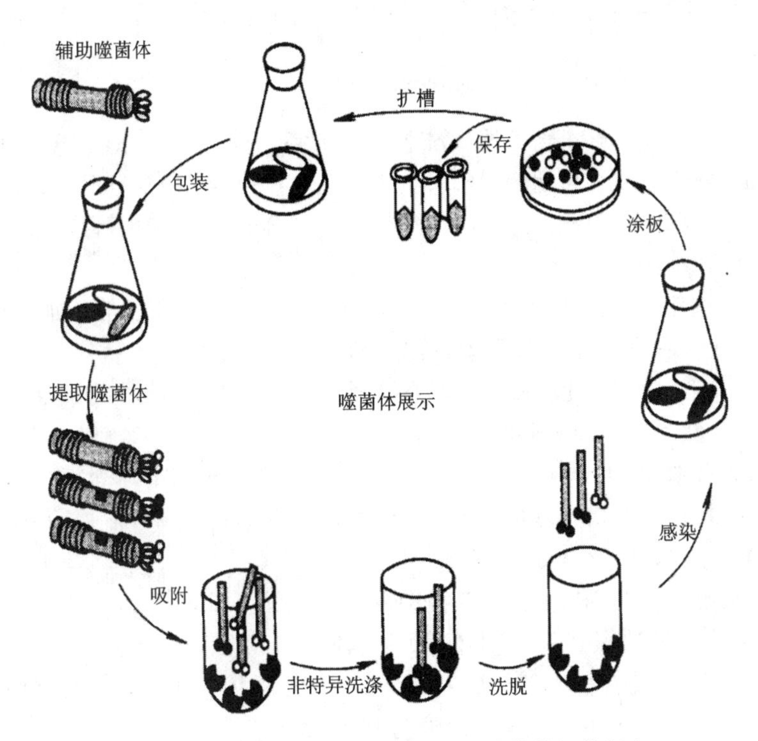


**图 3-11 从噬菌体展示库中筛选单链抗体的规范程序**

### 3.1.8 PCR 鉴定筛选结果抗体序列的完整性

挑取每轮筛选涂布生长的单克隆菌体，加入已经混匀的 PCR 反应液，反应体系如下。

上下游引物：

上游 5′ CAGGAAACAGCTATGAC′ 3′（LMB3）

下游 5′ GAATTTTCTGTATGAGG 3′（Fd Seq1）

反应体系：

| | |
|---|---|
| 10 × Taq DNA 聚合酶反应缓冲液 | 2 μL |
| dNTP（每种终浓度 0.2 mmol/L） | 1 μL |
| 上游引物（20 mmol/L） | 1 μL |
| 下游引物（20 mmol/L） | 1 μL |
| dd $H_2O$ | 定容至 20 μL |

煮沸裂解 10 min。加入 0.2 μL Taq DNA 聚合酶，混匀。

共反应 25 个循环。

扩增反应结束后，取 5 μL 上述反应液进行 1.0% 琼脂糖电泳检测。

### 3.1.9 可溶抗体片段的制备以及 Elisa 检测

(1)从第 3 轮、第 4 轮筛选后洗脱下来的噬菌体，取 10 μL($10^{-5}$ pfu/mL)感染 200 μL 处于对数生长期的 HB2151 细菌。37℃静置水浴 30 min。1/10 稀释后，分别取 1μL、10μL、100 μL 铺 TYE 平板(含有 100 μg/mL 氨苄青霉素和 1% 葡萄糖)，37℃培养过夜。

(2)挑取单克隆到 2 块 U 型 96 孔细菌培养板中，每孔已经添加 100 μL 2 × YT 培养基(含有 100 μg/mL 氨苄青霉素和 1% 葡萄糖)。37℃摇床 300 r/min 培养过夜。向第一块 96 孔细菌培养板的各个孔中加入一定体积的甘油，使终浓度达到 15%，然后在 -70℃下保存。

(3)每孔取出 2 μL 菌液，加入到另一块新的 96 孔细菌培养板中，每孔已经添加 200 μL 2 × YT 培养基(含有 100 μg/mL 氨苄青霉素和 1% 葡萄糖)，37℃振荡培养至 $A_{600}$ =0.9(约 3 h)。

(4)向第二块 96 孔细菌培养板的各个孔中加入 25 μL 2 × YT 培养基(含有 100 μg/mL氨苄青霉素和 9 mmol/L IPTG)，30℃继续振荡培养 16 ~ 24 h。

(5)在 96 孔酶标板中每孔加入 100 μL 浓度为 10 ~ 100 μg/mL 抗原溶液，室温放置过夜，进行包被。包被缓冲液为 PBS。

(6)以 PBS 洗板 3 次，37℃封闭 2 h，200 μL/孔，封闭缓冲液为 2% MPBS。

(7)将第二块细菌培养板 1800 × g，4℃离心 10 min，取 100 μL 上清液加入到 Elisa 板中，室温放置 1 h。

(8)以 PBS 洗板 3 次。

(9)每孔加入 50 μL 检测 c - myc 表达标签的鼠抗抗体，抗体浓度 4 μg/mL，同时每孔加入 50 μL 一定浓度的 HRP 偶联的羊抗鼠 IgG，室温放置 1 h。以 PBS - 0.05% Tween 20 洗涤 3 次，再以 PBS 洗涤 3 次。抗体稀释缓冲液为 2% MPBS。

(10)配制底物液。

(11)每孔加入 100 μL 底物液，室温孵育 10 ~ 20 min，直至显示为蓝色。

(12)每孔加入 50 μL 稀硫酸(1 mol/L)终止反应。

(13)测定 $A_{650}$ 和 $A_{450}$，并以 $A_{450}$ 减去 $A_{650}$，作为最终检测结果。

### 3.1.10 测序及序列同源性比对分析

从 Elisa 检测结果中挑选显色较深的 15 株单链抗体对应的克隆进行测序，测序引物为通用引物。利用 NCBI Blast 在线软件对获得的序列进行同源比对分析。

## 3.2　抗 EGFR 单链抗体的表达纯化

### 3.2.1　单链抗体菌株的摇瓶培养

(1)根据 3.1.10 比对结果，将序列不同的单链抗体菌株进行进一步的细胞 Elisa 测定，筛选出亲和力最高的单链抗体用于随后的活性鉴定。

(2)根据 3.1.10 比对结果，将序列不同的单链抗体单克隆菌株保存液分别转接到 10 mL 2 × YT - A 培养基中(含有 100 μg/mL 氨苄青霉素)，37℃培养至对数期。

(3)以 1∶100 的比例转接于新鲜 400 mL 2 × YT - A 培养基中。

(4)37℃培养至 $A_{600}$ 为 0.8 时，加入终浓度 0.8 mmol/L IPTG，30℃诱导 20 h。

(5)4℃、8000 r/min 离心 15 min 收集发酵液菌体，PBS 重悬洗涤菌体，离心后重悬菌体于冰冷的 5% 初始发酵体积的高渗溶液(50 mmol/L Tris - HCl、20% sucrose、1 mmol/L EDTA，pH 8.0)中，温和搅拌 10 min。

(6)10000 × g 离心 10 min，收集上清，同时重悬沉淀于等体积的冰冷的 5 mmol/L $MgSO_4$ 中，冰上温和搅拌 15 min。

(7)离心后，将上清液与高渗溶液上清混合，并调节 NaCl 浓度至 0.5 mol/L，用 0.22 μm 滤膜过滤样品用于随后的纯化。

### 3.2.2　可溶性单链抗体的纯化

(1)将 1 mL 镍柱连接到 Bio - rad Duoflow 层析系统中，用双蒸水冲洗镍柱至平衡，再用 Binding buffer 平衡镍柱。

(2)上样离心抽滤得到的上清液，待样液过完柱后用 Binding buffer 冲洗镍柱至平衡。

(3)调节 Binding buffer 与 Elution buffer 的比较，分别用 20 mL 含 30 mmol/L、50 mmol/L、100 mmol/L、500 mmol/L咪唑的缓冲液洗脱目的蛋白，收集不同咪唑浓度下的洗脱液，进行 15% SDS - PAGE 检测，确定目的蛋白洗脱时所需咪唑浓度。根据查得的单链抗体相对分子质量，由电泳结果可辨别目的蛋白有无及其纯度。收集目的蛋白，过滤除菌，测定蛋白浓度，在 -20℃下保存备用。

### 3.2.3　利用细胞 **Elisa** 对单链抗体的进一步筛选

(1)通过细胞 Elisa 检测纯化的单链抗体与表皮癌细胞 A431 表面 EGFR 的结合情况，根据结果选择亲和力最高的抗体用于进一步实验。

(2)将消化下的 A431 细胞按 $1 \times 10^5$ 接种至 96 孔酶标板中，每孔 100 μL，每个单链抗体样品做 3 个复孔，置于 37℃，5% $CO_2$ 培养箱中培养过夜。

(3)弃去培养液上清液，用温 PBS 轻轻洗涤两次，5 min/ 次，室温风干细胞。

(4)用 0.25% 戊二醛固定细胞，室温放置 10 min 后，PBS 洗 3 次。

(5)细胞加入 5% MPBS，37℃封闭 2 h。

(6)用 MPBS 分别稀释纯化后的单链抗体至浓度均为 50 μg/mL，加入封闭好的酶标板中，100 μL/孔，37℃孵育 2 h 后，TPBS(含 0.05% Tween20 的 PBS)洗涤 3 次，PBS 洗涤 3 次。

(7)加入鼠抗 His 抗体(1∶2000 稀释)，100 μL/孔，37℃孵育1 h，TPBS 洗涤 3 次，PBS 洗涤 3 次。

(8)加入 HRP－偶联羊抗鼠多克隆抗体(1∶5000 稀释)，100 μL/孔，37℃孵育 1 h，TPBS 洗涤 3 次，PBS 洗涤 3 次。

(9)加入 TMB 显色液(100 μg/mL TMB，缓冲液为 100 mmol/L 乙酸钠，pH 6.0，每50 mL缓冲液加入 10 μL 30% $H_2O_2$)，100 μL/孔，室温避光放置 20 min。

(10)每孔加入 50 μL 1 mol/L 硫酸溶液终止反应。

(11)酶标仪测定 $A_{450}/A_{630}$ 波长处光吸收值，以 $A_{450}-A_{630}$ 作为最后检测结果。P/N =(阳性细胞孔 $A$ − 空白孔 $A$)/(阴性细胞孔 $A$ − 空白孔 $A$) >2.1 且阳性细胞孔 $A$ >0.2 为阳性。

#### 3.2.4 抗 EGFR 单链抗体的 Western blotting 鉴定

(1)纯化得到的 E10 进行变性 SDS－PAGE 电泳，分离胶浓度为 15%；

(2)4℃，100 mA 恒流转印 2 h，将蛋白转印至 PVDF 膜；

(3)转印结束，将膜在 5% MTBS(含有 5% 脱脂牛奶的 TBS)中 4℃过夜封闭；

(4)用 5% MTBS 按 1∶2000 稀释 anti－His 鼠抗体(购自 Millipore)，37℃孵育 1 h，TBST 洗涤 3 遍，每次 10 min；

(5)用 5% MTBS 按 1∶5000 稀释 HRP－偶联羊抗鼠抗体，37℃孵育 1 h，TBST 洗涤 3 遍，每次 10 min，用 DAB 显色。

## 第四节 抗 EGFR 单链抗体的表达及初步体内外活性(鉴定)

### 1 引言

小分子重组抗体片段已经越来越广泛地替代单克隆抗体，成为医学诊断与治疗的新选择。与单克隆抗体相比，小分子抗体的优势主要有：①抗体的免疫原性要比原来的全长抗体弱得多；②相对分子质量小，更容易通过血管壁，穿透实体瘤，有利于肿瘤的治疗；③没有 Fc 段，不能与非靶细胞的 Fc 受体结合，更能集中到达肿瘤部位，同时由于没有 Fc 调节 IgG 的分解代谢，在体内半寿期短，周转快，有利于放射免疫成像检查肿瘤；④可由大肠杆菌表达，制备成本较低。然而在成功制备单链抗体后，其生物学活性是决定抗体开发的关键。

## 2　材料

### 2.1　菌株、载体及血样来源

大肠杆菌 E. coli TG1，噬菌粒载体 pCANTAB 5E，PMD19 – T 克隆载体和 pET – 28a – c( + ) 载体，辅助噬菌体 M13KO7，大肠杆菌感受态细胞 DH5α、BL21 (DE3)，200 份人外周血样品。

### 2.3　主要培养基配方

(1)LB 培养基：

| | |
|---|---|
| 酵母提取物 | 5 g |
| NaCl | 10 g |
| 蛋白胨 | 10 g |
| dd $H_2O$ | 800 mL |

充分溶解后，用 NaOH 溶液调 pH 至 7.0，定容至 1 L，121℃高压灭菌后 在4℃下保存。

(2)LB – A 培养基：含溶液 50 mg/L Amp 的 LB 培养基。

(3)2 × YT 培养基：

| | |
|---|---|
| 酵母提取物 | 10 g |
| NaCl | 5 g |
| 蛋白胨 | 16 g |
| dd $H_2O$ | 800 mL |

充分溶解后，用 NaOH 溶液调 pH 至 7.5，定容至 1 L，121℃高压灭菌后在4℃下保存。

(4)2 × YT – A 培养基：含 50 mg/L Amp 的 2 × YT 培养基。

(5)2 × YT – K 培养基：含 50 mg/L Kan 的 2 × YT 培养基。

(6)SOB 培养基：

| | |
|---|---|
| 酵母提取物 | 5 g |
| 蛋白胨 | 20 g |
| KCl | 0.185 g |

NaCl 0.5 g

$MgCl_2$ 0.95 g

dd $H_2O$ 800 mL

充分溶解后定容至 1 L，121℃高压灭菌后在 4℃下保存。

SOB－A 培养基：含 100 mg/L Amp 的 SOB 培养基。

(7)噬菌体上层胶：

胰蛋白胨 1 g

NaCl 0.5 g

琼脂粉 0.6 g

酵母提取物 0.5 g

dd $H_2O$ 80 mL

充分溶解后定容至 100 mL，在 121℃下高压灭菌后在 4℃下保存。

(8)固体平板培养基：

每升液体培养基中加 20 g 琼脂粉，121℃高压灭菌后，加入相应抗生素(如需抗生素抗性筛选，可在高压灭菌后培养基温度降至 65℃左右时，按比例加入相应抗生素后倒置平板)预制培养平板后在 4℃下保存备用。本实验用到的固体培养基有 2×YT 固体培养基、LB 固体培养基、SOB 固体培养基。

## 2.3 主要溶液配方

(1)PEG/NaCl：

PEG8000 200 g

NaCl 146.1 g

dd $H_2O$ 800 mL

充分溶解后，定容至 1 L，121℃高压灭菌后在 4℃下保存。

(2)Hank's 液：

NaCl 8.0 g

$NaHCO_3$ 0.35 g

KCl 0.4 g

$Na_2HPO_4 \cdot H_2O$ 0.06 g

$KH_2PO_4$ 0.06 g

葡萄糖 1.0 g

酚红 0.02 g

dd $H_2O$ 800 mL

充分溶解后，调节 pH 至 7.4，定容至 1 L，121℃高压灭菌后在 4℃下保存备用。

(3)磷酸盐缓冲液(phosphate buffered saline, PBS):

| | |
|---|---|
| KCl | 0.2 g |
| NaCl | 8 g |
| $KH_2PO_4$ | 0.27 g |
| $Na_2HPO_4$ | 1.42 g |
| dd $H_2O$ | 800 mL |

充分溶解后,定容至 1 L,121℃高压灭菌后在 4℃下保存备用。

(4)PBST 缓冲液:

PBS 缓冲液中加入 0.05% Tween-20,需无菌使用时在 121℃下高压灭菌。

(5)pH 2.2 甘氨酸-盐酸缓冲液(Gly-HCl):

0.1 mol/L 甘氨酸,用 HCl 调节 pH 至 2.2,HCl 高压灭菌,4℃下保存备用。

(6)0.1% DEPC 水溶液:1 mL DEPC 加入 999 mL 灭菌 dd $H_2O$ 中,充分混匀。

(7)5×核酸电泳缓冲液 TAE Buffer:

| | |
|---|---|
| $Na_2EDTA-2H_2O$ | 3.72 g |
| Tris 碱 | 24.2 g |
| 冰醋酸 | 5.71 mL |

充分溶解后,用 NaOH 溶液调节 pH 至 8.0,定溶至 1 L,室温保存。

(8)6×核酸电泳上样缓冲液:

| | |
|---|---|
| Xylene Cyanol FF | 0.25 g |
| EDTA | 4.4 g |
| Bromophenol Blue | 0.25 g |
| dd $H_2O$ | 200 mL |

充分溶解后,加入 280 mL 甘油混匀,用 NaOH 溶液调节 pH 至 7.0,再用水定容至 500 mL,室温保存备用。

(9)核酸染料冷藏避光保存备用。

(10)琼脂糖凝胶(agarose):

根椐制胶量及凝胶浓度,称取琼脂糖粉,到 100 mL 1×TAE Buffer 溶液中,充分加热熔化,溶液冷却至 60℃左右,加入适量核酸染料,充分混匀。倒入制胶模中,在室温下使胶凝固(30~60 min),然后放置于电泳槽中进行电泳。

(11)氨苄青霉素母液:

配成 50 mg/mL 氨苄青霉素水溶液,经 0.22 μm 滤膜过滤除菌,在 -20℃下保存备用,使用浓度为 50 μg/mL。

(12)卡那霉素母液:

配成 50 mg/mL 卡那霉素水溶液,经 0.22 μm 滤膜过滤除菌,在 -20℃下保存备用，使用浓度为 50 μg/mL。

(13)1 M Tris－HCl（pH 7.4、7.6、8.0）：

称 121.1 g Tris 于 1 L 烧杯中，加入约 800 mL 的 dd $H_2O$，充分溶解后加入浓 HCl，调节至所需要的 pH 后，用 dd $H_2O$ 将溶液定容至 1 L，室温保存备用。

| pH | 加入浓 HCl 的体积 |
| --- | --- |
| 7.4 | 约 70 mL |
| 7.6 | 约 60 mL |
| 8.0 | 约 42 mL |

(14)TBST(Tris－Buffered Saline Tween－20)缓冲液：

| | |
| --- | --- |
| NaCl | 8.8 g |
| 1 mol/L Tris－HCl(pH 8.0) | 20 mL |
| dd $H_2O$ | 800 mL |

充分溶解后，加入 0.5 mL Tween－20 混匀，定容至 1 L，HCl 高压灭菌后在 4℃下保存备用。

### 2.4 仪器设备

PCR 仪、电脉冲基因转移仪、凝胶成像仪、核酸电泳仪、高速冷冻离心机、电热恒温水槽、微量分光光度计、旋涡混匀器、恒温摇床、超净工作台、超低温冰箱、分析天平、制冰机、自动双重纯水蒸馏器、pH 计、微量振荡器、高压灭菌锅、生物安全柜、加热/制冷恒温浴槽。

## 3 方法

### 3.1 抗 EGFR 单链抗体的表达

#### 3.1.1 抗 EGFR 单链抗体原核表达系统的构建

抗 EGFR 单链抗体设计：设计抗 EGFR 单链抗体(ESCFV)的结构为 VH－(G4S)3－VL－His6。

密码子优化：将 ESCFV 蛋白序列转换为 DNA 序列，用密码子优化工具优化目的基因，获得适合于原核表达系统的基因序列。

酶切位点选择：利用 NEB 限制性内切酶在线分析工具，分析 ESCFV 基因序列中含有的酶切位点。结合 pET22b(＋)载体图谱，引入 Nco I / Not I 酶切位点至 ESCFV 基因序列。全合成 ESCFV 目的基因。

ESCFV 的原核表达系统构建：将 Nco I / Not I 双酶切的 ESCFV 目的基因及

pET22b( + )载体连接，转化入表达宿主 E. coli BL21(DE3)中，氨苄西林抗性培养挑选单克隆。酶切验证、测序，筛选阳性重组菌 E. coli BL21(DE3)/pET22b( + ) - ESCFV。

### 3.1.2　ESCFV 的诱导表达

(1)重组菌单克隆转接至 10 mL 抗性 LB 培养基中，37℃、220 r/min 过夜培养。

(2)次日，将过夜培养物，按 1∶100 的比例转接至 500 mL LB 培养集中，37℃、220 r/min 振荡培养至 $A_{600}$ 为 0.6 ~ 1.0。

(3)加入 IPTG 至终浓度 0.1 mmol/L，并于 16℃ 、180 r/min 条件下诱导表达 20 h。

### 3.1.3　ESCFV 的纯化与 SDS - PAGE、Western Blot 鉴定

3.1.3.1 重组蛋白 ESCFV 的提取：

(1)收集发酵液，4℃、3500 × g 离心 30 min，弃上清液，收集菌体沉淀。

(2)周质提取缓冲液重悬菌体(V(周质提取缓冲液) = 1/50 × V(发酵液)，在冰上孵育 30 min。

(3)加入 TES 缓冲液(V(TES) = 1.5/50 × V(发酵液)，冰上充分混匀。加入蛋白酶抑制剂 PMSF(终浓度为 1 mmol/L)，冰浴 30 min。

(4)4℃、9500 × g 离心 20 min，收集上清液。

(5)过 0.22 μm 滤膜，去除不溶性杂质，保存于 4℃。

(6)4℃，过夜透析上清液至 PBS 缓冲液，去除 EDTA，待进一步用镍柱亲和层析纯化。

3.1.3.2 重组蛋白 ESCFV 的纯化：

用 HisTrap FF(1 mL)亲和层析柱纯化细胞裂解物，具体操作如下。

(1)平衡柱环境：10 mL PBS 结合缓冲液平衡柱环境，流速为 1 mL/min。

(2)上样：上述样品以 0.5 mL/min 速度上样。

(3)洗涤：10 mL 结合缓冲液冲洗柱子，洗去非特异吸附蛋白，流速为 1 mL/min。

(4)洗脱：用 10 mL 含 100 mmol/L 咪唑的结合缓冲液洗脱，流速为 1 mL/min，收集洗脱液。

(5)Bradford 法测定蛋白浓度，计算发酵产量。

(6)重组蛋白 ESCFV 的 SDS - PAGE、Western Blot 鉴定。

(7)SDS - PAGE 分析纯化效果

(8)Western Blot 鉴定纯化后 ESCFV，Mouse Anti - HisTag(1∶3000)抗体为一

抗，Goat Anti－Mouse IgG－HRP 抗体为二抗(1∶5000)，检测目的蛋白。

3.1.3.3 ESCFV 的结合活性测定

酶联免疫吸附(Elisa)实验

(1)活化酶条：酶条放置于紫外灯下照射 30 min。

(2)包被抗原：每孔加入 100 μL EGFR 胞外区结构域(浓度为 1000 nmol/L，溶解于 0.05 mol/L $NaHCO_3$ 缓冲液)。分别加入 BSA(1000 nmol/L，溶解在 PBS)作为阴性对照。4℃过夜包被。

(3)封闭：弃抗原，200 μL PBS 洗涤 3 次，拍干。每孔加入 200 μL 封闭液(5% 脱脂牛奶：5 g 脱脂牛奶溶解于 100 mL PBS 中)，37℃静置 2 h。

(4)加入 ESCFV：TPBS 和 PBS 各洗三次，加入梯度稀释的 ESCFV (7.8 nmol/L、15.6 nmol/L、31.3 nmol/L、62.5 nmol/L、125.0 nmol/L、250.0 nmol/L、500.0 nmol/L)，每个浓度设 3 个复孔，25℃孵育 2 h。

(5)孵育一抗：PBST 和 PBS 各洗三次，每孔加入 100 μL His－Tag Mouse mAb (1∶3000)，25℃孵育 1 h。

(6)孵育二抗：PBST 和 PBS 各洗三次，每孔加入 100 μL Goat Anti－Mouse IgG－HRP (1∶5000)，25℃孵育 1 h。

(7)显色：PBST 和 PBS 各洗三次，每孔加入 100 μL TMB 显色液，37℃孵育 10 min。

(8)检测：每孔加入 50 μL 终止液(2 mol/L $H_2SO_4$)，酶标仪检测 $A_{450}-A_{630}$吸光值。

3.1.3.4 流式细胞术检测：

根据文献报道，人表皮癌细胞株 A431 为 EGFR 高表达细胞株；人肝癌细胞株 Huh7 为不表达 EGFR 细胞株。

(1)制备单细胞悬液：A431、Huh7 细胞于 37℃、5% $CO_2$ 培养箱中，培养至长满 80% 左右。消化收集细胞，2% FBS－PBS(含 2% FBS 的 PBS)重悬，调整细胞浓度至 $2\times10^6$ 个/mL。

(2)台酚蓝染色计细胞数：将单细胞悬液与 0.4% 台酚蓝溶液以 9∶1 混匀。3 min 内用细胞计数仪检测活细胞数。

(3)待检测抗体孵育：将 250 μL 单细胞悬液与等体积 100 μg/mL ESCFV 抗体混合，4℃孵育 1 h。2% FBS－PBS 孵育组作为空白组。

(4)洗涤：500 μL 2% FBS－PBS 洗涤，3000 r/min 离心 3 min，重复两次。

(5) Goat Anti－HisTag * FITC 抗体孵育：每组中分别加入 500 μL Goat Anti－Mouse IgG－FITC 抗体(≤1 μg/106 个)，4℃孵育 1 h，重复步骤(4)。

(6)500 μL PBS 重悬，流式细胞仪检测。

3.1.4 抗 EGFR 单链抗体对表皮癌细胞 A431 的生长抑制作用

将 A431 细胞 $1\times10^4$ 接种 96 孔细胞培养板，100 μL/孔，同时设置空白对照组(即不含细胞，只加培养基)，边缘孔用 PBS 补齐，于 37℃、5% $CO_2$ 培养箱中培养 24 h 后加待测物。

用 DMEM +0.5% FCS 培养基将单链抗体 ESCFV 按要求 2 倍稀释(阳性对照为抗 EGFR 单克隆抗体 Cetuximab，或由 Cetuximab 可变区构建的单链抗体)。将培养的 A431 细胞培养基吸出，按照分组要求加梯度稀释的小分子抗体，设置阳性对照孔(只加培养基不加抗体)和空白对照组，每个浓度 4 个实验复孔。继续培养 72 h。

观察细胞生长状况后每孔加入 11 μL 的 MTT，37℃继续培养 4 h，离心后小心倾去上清液，每孔加入 150 μL DMSO，在酶标仪 570 nm、630 nm 波长处测定吸光值，计算细胞增殖。

### 3.1.5 ESCFV 体内抗肿瘤作用

#### 3.1.5.1 肿瘤细胞的准备

(1)大量培养人结肠癌细胞 HT－29 和人表皮癌细胞 A431 至对汇合度 80% ~90%。

(2)倒出培养基，用适量灭菌 PBS 洗涤两遍，加适量入 0.25% 胰酶消化液(含 EDTA)，37℃消化 3 min。

(3)加入等体积的完全培养基，中和胰酶消化液，用移液枪轻轻吹打细胞层，使细胞分散成单细胞悬液。

(4)转移至离心管，3000 r/min 离心 5 min，吸弃离心上清液，用灭菌 PBS 洗涤 2 ~3 遍。

(5)利用 TC10TM 细胞计数仪对获得的细胞液进行计数，用无血清相应培养基重悬细胞，并调整细胞密度至 $5\times10^7$ 个/mL。

#### 3.1.5.2 裸鼠皮下接种肿瘤细胞

取 Balb/c 裸鼠，4 ~5 周龄，体重为 18 ~20 g，饲养于 SPF 条件下的裸鼠饲养室内。控制饲养室内气温 20 ~26℃、空气清洁度为 104、空气相对湿度控制在 50% ~56%、无特定病原体。饲养过程中，鼠笼、垫料、饮水及饲料等物品均须灭菌处理，且相关物品须在无菌环境中定时更换。在接种肿瘤细胞前，裸鼠自由性饮水进食，适应性饲养一周。将上述肿瘤细胞悬液皮下接种于小鼠右前肢腋下(用 6 号带针头注射器接种，注射过程中，速度尽量放慢，避免产生巨大的剪切力破坏肿瘤细胞)，该部位不影响实验裸鼠正常的生理活动和功能，供血相对丰富，利于成瘤，方便观察和测量瘤体积。按每只裸鼠 100 μL 接种，实际接种细胞数为 $5\times10^6$ 个/只。

3.1.5.3 分组给药

将上述接种了肿瘤细胞(HT－29 或 A431)的裸鼠随机分成以下 5 组，每组 6 只：阴性对照组(PBS)、cetuximab 组(5 mg/kg)、ESCFV 组(5 mg/kg)。待各组裸鼠的瘤体积达到 30～50 $mm^3$ 时经尾静脉注射给药，连续给药 3 周，每周 3 次，阴性对照组注射等体积的灭菌 PBS。

3.1.5.4 观察和测量移植瘤体积

自给药后第一天开始，每 3～4 d 用游标卡尺精确测量并记录每组裸鼠肿瘤的短径(肿瘤长径垂直方向的最大横径，$a$)和长径(肿瘤最长径，$b$)。通过以下公式计算裸鼠肿瘤体积：肿瘤体积 $= \pi \times a \times b \times b/2$。当肿瘤体积达到或超过4000 $mm^3$ 时，以断颈的方式处死荷瘤裸鼠，解剖并剥离瘤块，称重后放入 4% 多聚甲醛中，置于 4℃保存备用。按照计算所得瘤体积和荷瘤裸鼠的处死时间绘制肿瘤体积曲线，按照荷瘤裸鼠的处死时间绘制荷瘤裸鼠生存率曲线。

# 实训三　农杆菌介导法获得植物生物反应器

## 第一节　概述

将药用蛋白质或多肽基因转入到植物的细胞或组织中，在植物中表达蛋白质或多肽，是一种新型生物制药技术。以转基因植物作为生物反应器生产具有重要经济价值的药用蛋白，可实现在农田生产药用蛋白，成本较低。

已经有几十种药用蛋白质或多肽在植物中获得成功表达，包括人细胞因子、表皮生长因子、促红细胞生成素干扰素、生长素单克隆抗体等。

农杆菌介导法进行转化是一项将外源基因导入植物的常规技术。

### 1　实训目的

(1)学习植物转基因技术的思路和实验流程。

(2)掌握基因工程农杆菌的培养方法。

(3)掌握植物受体材料预培养方法。

(4)掌握培养基配制方法。

(5)掌握通过农杆菌介导目的基因转化植株的实验技术。

(6)掌握通过培养基中加入相应的选择压力，在幼苗阶段直接挑选转化细胞方法。

(7)掌握转基因烟草植物基因组 DNA 提取的方法。

(8)了解 PCR 分子检测鉴定转基因植株的技术。

## 2 实训日程

实训日程见表3－3。

表3－3 实训日程

| 时间顺序 | 教 学 内 容 | 课时 |
|---|---|---|
| 第1天 | 基因工程农杆菌的培养与植物受体材料的预培养 | 4 |
| 第4天 | 基因工程农杆菌与植物受体材料的共培养 | 2 |
| 第7天 | 转基因植物材料的选择培养 | 2 |
| 第28天 | 转基因烟草基因组DNA的提取与分子检测鉴定 | 4 |

# 第二节 基因工程农杆菌的培养与植物受体材料的预培养

## 1 原理

Ti质粒自然存在于土壤根癌农杆菌中，可诱导植物产生瘤细胞。当农杆菌感染植物时，T－DNA便转移到植物的基因组中。

本实验所用基因工程农杆菌带有双元质载体pFGC5941，使基因工程农杆菌获得卡那霉素抗性，并含有与目的基因连锁的抗草胺磷基因BAR。能够将BAR介导进入植物细胞，获得抗草胺磷的转基因植物（图3－12）。

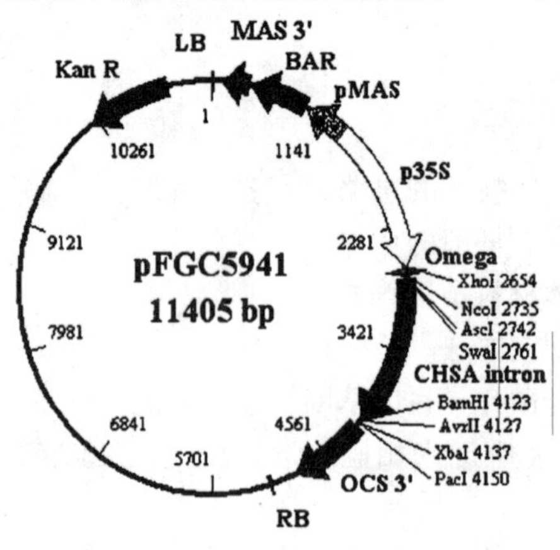


3－12 pFGC5941质粒元件图示

## 2　材料

(1)模式植物烟草：提前2~3周准备，在MS+NAA 0.1 mg/L培养基上接种试管苗1株/(瓶·组)。于光照培养箱中25℃，光照13 h。

(2)基因工程农杆菌LBA4404(pFGC5941)：提前1周准备，于平板(YEB+Km100 mg/L+ Rif 50 mg/L+ Sp 50 mg/L)活化菌种2皿/班，于生化培养箱中28℃培养。

(3)MS+BA 1 mg/L+NAA 0.1 mg/L固体培养基：提前1 d准备，50 mL分装于150 mL广口三角瓶中灭菌备用，2瓶/组。

(4)YEB+ Km100 mg/L+ Rif 50 mg/L+ Sp 50 mg/L液体培养基：提前1 d准备YEB，分装于100 mL广口三角瓶中，20 mL/瓶，1瓶/组。灭菌备用。临用前按要求添加抗生素。

(5)20×MS培养基贮备液Ⅰ：500 mL

(6)200×MS培养基贮备液Ⅱ：250 mL

(7)200×MS培养基贮备液Ⅲ：250 mL

(8)200×MS培养基贮备液Ⅳ：250 mL

(9)1 mg/mL BA溶液：50 mL

(10)0.1 mg/mL NAA溶液：50 mL

(11)蔗糖：100 g

(12)琼脂粉：20 g

(13)精密pH试纸：5.4~7.0

(14)精密pH试纸：6.4~8.0

## 3　器材

长镊子(3把/组)、剪刀(1把/组)、解剖刀及刀柄(2套/组)、接种环、医用酒精棉球(医用酒精1瓶、脱脂棉1卷)、正方形无菌粗滤纸(1包/组)、250 mL广口三角瓶(1只/组)、50 mL广口三角瓶(2只/组)、酒精灯、超净工作台、恒温摇床、光照培养箱、生化培养箱、瓷盘、封瓶膜(6张/组)、棉绳、烧杯、玻璃棒、电炉、移液器、吸头、天平。

## 4　方法

(1)植物材料预培养：在超净工作台上，从烟草W38试管苗植株上剪取叶片，将叶片放在无菌的滤纸上，用解剖刀切去叶脉和边缘，切成0.8 mm ×0.8 mm小块，用镊子接种到MS + BA 1 mg/L + NAA 0.1 mg/L MS固体培养基上，10块/瓶，2瓶/组。于生化培养箱中，25℃，暗培养2～3 d。

(2)基因工程菌菌液准备：用接种环从YEB平板上挑取基因工程农杆菌LBA4404(pFGC5941)单菌落一个，接种到YEB20 mL/瓶 + Km100 mg /L + Rif 50 mg /L + Sp 50 mg /L液体培养基中。于恒温摇床上28℃、180 r/min震荡培养24～48 h至$A$ 600 =0.4～0.5。

(3)转基因植物用培养基配制(以备6 d后的选择培养使用)。

每组配制MS + BA 1 mg/L + NAA 0.1 mg/L固体培养基100 mL：

需先用适量水(小于总体积)将琼脂煮化成均匀透明糊状，然后按下表加入贮备液Ⅰ、Ⅱ、Ⅲ、Ⅳ和合适的植物生长调节剂(NAA、BA)，定容，调节pH至5.8(5～6)，装于1只250 mL广口三角瓶中。另备干净的50 mL广口三角瓶(2只/组)。都用封瓶膜包扎封口，高压灭菌(表3－4)。

**表3－4　转期植物培养基配制加样表**

| 培养基体积 | 初浓度/浓缩倍数 | 1 L | 100 mL |
|---|---|---|---|
| 蔗糖 | — | 30 g | 3 g |
| 琼脂 | — | 9 g | 0.9 g |
| 贮备液Ⅰ | 20 × | 50 mL | 5 mL |
| 贮备液Ⅱ | 200 × | 5 mL | 0.5 mL |
| 贮备液Ⅲ | 200 × | 5 mL | 0.5 mL |
| 贮备液Ⅳ | 200 × | 5 mL | 0.5 mL |
| BA | 1 mg/mL | 1 mL | 0.1 mL |
| NAA | 0.1 mg/mL | 1 mL | 0.1 mL |

## 5　结果与分析

(1)植物材料预培养2～3 d后，观察到叶面是否变稍有弯曲。

(2)基因工程菌培养24～48 h后，观察菌液是否浑浊，测吸光值。

# 第三节　基因工程农杆菌与植物受体材料的共培养

## 1　原理

通过农杆菌感染转化植株细胞最广泛使用的方法是 Horsch 等发展的叶盘转化再生程序。植物组织内受伤的细胞对农杆菌转化很敏感，在体外合适的激素条件下能重新发育成器官。转基因幼苗可最终发育成植株，转基因植株中所有细胞都起源于同一转化事件。

## 2　材料

基因工程农杆菌 LBA4404(pFGC5941)菌液、预培养的叶片。

## 3　器材

长镊子(3 把/组)、剪刀(1 把/组)、医用酒精棉球(医用酒精 1 瓶、脱脂棉 1 卷)、正方形无菌粗滤纸 1 包/组、酒精灯、超净工作台、生化培养箱、瓷盘、棉绳、烧杯、玻璃棒、电炉、移液器、吸头、天平。

## 4　方法

(1)将实验一培养的基因工程农杆菌菌液 1∶100 稀释，28℃、180 r/min 震荡培养 6 h。

(2)在超净工作台上，将菌液倒入无菌的小培养皿中。将预培养的叶块取出，放入菌液，浸泡 0.5 ~5 min。取出叶块，置于无菌滤纸上吸去附着的菌液。

(3)将浸染过的叶块接种在原培养基上(MS + BA 1 mg/L + NAA 0.1 mg/L )，在 28℃暗培养条件下共培养 3 d。

(4)选择培养基的配制：

将 250 mL 广口三角瓶中的培养基融化，冷却至不烫手且培养基未凝固时，加入选择压力(草胺磷 5 mg/L)和抑制农杆菌生长的抗生素(羧苄青霉素 500 mg/L)。摇匀，分装至已灭菌的 50 mL 广口瓶，每瓶 50 mL。

## 5 结果

2 ~4 d 后观察到，叶块变得凹凸不平或有愈伤组织，同时叶块的周围出现大量的菌体。请同学们根据实际情况描述结果，分析原因。

## 6 分析

叶细胞在含有细胞分裂素和生长素的培养基上，各部位细胞增殖不均衡使叶面变得凹凸不平，脱分化形成愈伤组织会再分化形成小芽点。

农杆菌增殖形成菌体，需要进行抑菌处理。

农杆菌能介导外源抗性基因插入植物细胞，在新生的愈伤组织和芽中，可能有转基因的材料，需要在培养基中加选择压力进行筛选。

# 第四节 转基因烟草的选择培养

## 1 原理

通过于培养基中加入相应的选择药物，可在幼苗阶段直接挑选转化细胞。本实验以草胺磷作为选择标记进行叶盘转化。培养基中添加羧苄青霉素以抑制共生的农杆菌生长。

本实验采用的外植体制备、苗再生和选择所要求的培养条件是适合烟草的，不一定适合所有的植物。当对新的植物发展转化方法时，应在模式系统的经验基础上，考虑影响植物转化和再生的可能因素，建立新的植物转化程序。

## 2 材料

草胺磷（5 mg/mL）、羧苄青霉素（100 mg/mL）、无菌水（提前 1 d 准备，高压灭菌备用）、1/2MS （含蔗糖 30 g/L，提前一天准备，高压灭菌备用）、MS + BA 1 mg/L + NAA 0.1 mg/L。

## 3　器材

长镊子(3 把/组)、剪刀(1 把/组)、医用酒精棉球(医用酒精 1 瓶、脱脂棉 1 卷)、正方形无菌粗滤纸(1 包/组)、酒精灯、超净工作台、生化培养箱、瓷盘、棉绳、烧杯、玻璃棒、电炉、移液器、吸头、天平。

## 4　方法

### 4.1　选择培养基的制备

取第一节实验制备的培养基，微波炉加热溶解后，加羧苄青霉素 500 mg/L + 草胺磷 5 mg/L，并分装至无菌的 50 mL 广口三角瓶，待凝固后使用。

### 4.2　洗菌液的准备

(1)无菌水，100 mL/瓶，3 瓶/组；

(2)无菌水 + 羧苄青霉素(500 mg/L)，100 mL/瓶，3 瓶/组；

(3)1/2MS(含蔗糖 30 g/L) + 羧苄青霉素(500 mg/L)，100 mL/瓶，3 瓶/组。

### 4.3　接种

共培养 3 d 以后，按以下步骤将叶盘表面农杆菌洗掉，其间不时摇动，使叶盘充分接触溶液。

(1)无菌水漂洗 5 min；

(2)无菌水 + 羧苄青霉素(500 mg/L)漂洗 5 min；

(3)1/2MS(含蔗糖 30 g/L) + 羧苄青霉素(500 mg/L)漂洗 5 min；

(4)用药勺捞出叶盘，放在无菌吸水纸上，吸干多余水分；

(5)将叶盘背面向下，放在新选择培养基上，叶盘边缘轻压入培养基中；

(6)扎紧封好三角瓶瓶口，25℃ 左右，暗培养；

(7)每 20 d 继代一次，芽长出后，切下带芽的叶缘，进行光培养 16 h、暗培养 8 h 交替培养。

## 5　结果

2 ~ 3 周后，再生芽生长旺盛。拍摄照片并加以标注，贴在实验报告中。

### 6　分析

农杆菌能介导外源抗性基因插入植物细胞，在新生的愈伤组织和芽中，被介导转入了 BAR 基因的材料，在选择培养基中表现了对草胺磷的抗性。

## 第五节　转基因烟草基因组 DNA 的提取与分子检测鉴定

### 1　原理

本实验采用 CTAB（十六烷基三甲基溴化铵）提取程序分离 DNA，适合于基因分离和检测。PCR 分子检测鉴定转基因植株技术，是以载体上 T－DNA 序列中非原植物来源的序列为引物，对转基因植株 DNA 进行 PCR 扩增。只有含有外源基因的植株检测呈阳性。

### 2　材料

前续实验所获得的转基因烟草、石英砂、Extraction Buffer［2% CTAB、100 mmol/L Tris－HCl（pH 8.0）、1.4 mol/L NaCl、20 mmol/L EDTA］、20% $Na_2S_2O_5$、氯仿异戊醇混合液（体积比 24∶1）、5 mol/L NaCl、异丙醇、RNaseA、乙醇、苯酚、TE Buffer、DNA Loading Buffer、核酸染料、琼脂糖凝胶。

### 3　器材

研钵、1.5 mL 离心管（每组 2 支）、离心机、移液器、吸头、天平、分光光度计。

### 4　方法

#### 4.1　CTAB 法提取转基因烟草叶片基因组 DNA

（1）取试管苗叶片 100 mg 与石英砂 2 g 冰上研磨。

（2）加 600 μL Extraction Buffer 和 70 μL 20% $Na_2S_2O_5$转移到离心管，室温孵

育5～10 min，其间轻摇。

（3）加1 V氯仿异戊醇混合液，混匀15 s，孵育5 min，于2～8℃，10000×g离心10 min，转移上清液至新管。

（4）加0.5 V 5 mol/L NaCl和1 V 4℃预冷的异丙醇，轻摇30 s混匀，于2～8℃，10000×g离心10 min，用70%乙醇洗2次，简单干燥沉淀。

（5）用400 μL无菌超纯水（pH 8.0）溶解DNA，10000×g离心10 min转移上清液至新管。

（6）加RNaseA至终浓度20 μg/mL于37℃孵育30 min（可省略）。

（7）加1 V苯酚抽提，10000×g离心10 min转移上清液至新管。

（8）加0.5 V 5 mol/L NaCl和2 V 95%乙醇。

（9）10000×g离心10 min收集DNA，300 μL 70%乙醇洗2次，简单干燥沉淀。

（10）加50 μL TE Buffer溶解DNA（可65℃，30 min）。

（11）取1 μL DNA样本用分光光度计测定其浓度和纯度（$A_{260}/A_{280}$）。

（12）取2 μL DNA样本加入6 ×DNA Loading Buffer，于含核酸染料的0.5%琼脂糖凝胶中恒压75 V电泳后，紫外灯下观察DNA的完整性。

## 4.2　转基因烟草的PCR检测。

（1）用1 μL转基因烟草DNA做PCR模板。

（2）将融化后的各试剂轻涡旋混匀并离心一下，于冰上薄壁管中加样（表3－5）。

**表3－5　转期植物分子检测加样表**

| 试剂 | 终浓度 | 50 μL反应体系 |
| --- | --- | --- |
| Sterile deionized water | — | 28 μL |
| 10×PCR buffer | 1 X | 5 μL |
| 10 mmol/L dNTP mix | 0.2 mmol/L each | 1 μL |
| 10 μmol/L Forward Primer | 1 μmol/L | 5 μL |
| 10 μmol/L Reverse Primer | 1 μmol/L | 5 μL |
| 1 u/μL Taq DNA Polymerase—1 u/50 μL | — | 1 μL |
| 25 mmol/L $MgCl_2$ | 2 mmol/L | 4 μL |
| Template | — | 1 μL |

（3）轻轻混匀试剂并稍离心，使管壁上液滴集中到一起。

(4)PCR 反应程序：

预变性 95℃、3 min；按照 95℃、90 s，54℃、50 s，72℃延伸 90 s，共 35 循环；72℃、15 min。

(5)取 10 μLPCR 产物加入 6 ×DNA Loading Buffer，于含核酸染料的 1.0% 琼脂糖凝胶中电泳，75 V，1.5 h，经凝胶成像系统紫外灯下数字化成像保存，检测分析扩增的条带大小是否与预期片段一致，如果一致则检测结果为阳性。

## 预习思考题

(1)如何防止在植物受体材料预培养操作中的杂菌污染？

(2)为什么转基因农杆菌的培养需要加入合适的抗生素？

(3)为什么在转基因植物的诱导过程中需要植物组织的损伤？

# 实训四　酵母表达活性蛋白制品

## 第一节　概术

酵母表达活性蛋白制品。实验技术的训练从试剂配制到实验操作，从核酸到蛋白，从原核生物(大肠杆菌)到真核生物(酵母)，涵盖了基因工程的上游和下游技术，具有巩固知识和训练能力的意义。

实验材料采用穿梭质粒为主要表达载体，利用 PCR 扩增技术获得外源基因，将之连接入载体，继而在大肠杆菌里大量复制，获得足够量的重组质粒。提取到一定量的质粒后，转入酵母细胞进行真核分泌表达，表达产物分泌入培养液中，含表达物的上清液采用 SDS - PAGE 电泳检测，有条件的可以继续进行表达产物的活性测试。

## 第二节　实习方案与流程

### 1　仪器操作学习和试剂的配制

#### 1.1　仪器设备操作培训

学习使用移液器、PCR 仪、电泳仪、水平电泳槽、恒温箱、摇床、离心机、制冰机、核酸干燥仪、水浴锅、接种环、分光光度计、垂直电泳槽、烧杯、上样器、酶标仪、96 孔板 PCR 管等。

### 1.2 准备物品

(1)根据实际需要洗涤试剂瓶等用具。

(2)每组需自行准备的需灭菌的物品：

培养皿(4 个×2 包/组)、1.5 mL 离心管(40 个/组)、dd $H_2O$(50 mL×2 瓶/组)、3 种规格的吸头(1000 μL、100 μL、10 μL)(3 盒×2 套/组)。

### 1.3 试剂配制

要求：按下列配方配制试剂。

在实习报告上先将所需试剂名称列表写好，并根据分配到的配制任务，在配制前查阅文献，制定每种试剂的具体配制方法，并说明注意事项。

(1)氨苄青霉素 Amp(100 mg/mL)。

需要量：10 mL/班级。

在超净台上配制，并过滤灭菌

(2)细菌营养培养基 LB。

需要量：50 mL 分 2 瓶，每组 2 瓶。

每 1 L 中各成分量：

| | |
|---|---|
| 胰蛋白胨 | 10 g |
| 酵母提取物 | 5 g |
| NaCl | 10 g |

配制完成后包扎，并湿热灭菌(121℃，15 min)。

(3)添加氨苄青霉素的 LB 平板($LB^{AMP+}$)。

需要量：50 mL 分 4 皿，每组 2 皿。

每 1 L 中各成分量：

| | |
|---|---|
| 胰蛋白胨 | 10 g |
| 酵母提取物 | 5 g |
| NaCl | 10 g |
| 琼脂粉 | 15 g(先煮至透明) |

配制完成后包扎，并湿热灭菌(121℃，15 min)。

灭菌后，稍冷却加入 Amp 至终浓度 100 mg/L，分装到无菌培养皿。

(4)酵母营养培养基 YPD 液。

需要量：200 mL 分 4 瓶，每瓶 50 mL，每组 2 瓶。

每 1 L 中各成分量：

| | |
|---|---|
| 酵母提取物 | 10 g |
| 蛋白胨 | 20 g |

| | |
|---|---|
| 葡萄糖 | 20 g |

配制完成后包扎，并高压蒸汽灭菌(112℃，15 min)。

(5)酵母营养培养基 YPD 板。

需要量：50 mL 分 4 皿，每组 2 皿。

每 1 L 中各成分量：

| | |
|---|---|
| 酵母提取物 | 10 g |
| 蛋白胨 | 20 g |
| 葡萄糖 | 20 g |
| 琼脂粉 | 20 g (先煮至透明) |

配制完成后包扎，并高压蒸汽灭菌(112℃，15 min)。

灭菌后，分装到无菌培养皿。

(6)YSD 板　(酵母筛选培养基)。

需要量：50 mL 分 4 皿，每组 2 皿。

每 1 L 中各成分量：

| | |
|---|---|
| 酵母氮源 | 6.7 g |
| 葡萄糖 | 20 g |
| 亮氨酸 | 200 mg |
| 腺嘌呤 | 50 mg |
| 肌醇 | 200 mg |
| 琼脂粉 | 20 g(先煮至透明) |

配制完成后包扎，并高压蒸汽灭菌(112℃，15 min)灭菌后，分装到无菌培养皿。

(7)YSD 液。

需要量：25 mL/瓶，每组 2 瓶。

每 1 L 中各成分量：

| | |
|---|---|
| 酵母氮源 | 6.7 g |
| 葡萄糖 | 20 g |
| 亮氨酸 | 200 mg |
| 腺嘌呤 | 50 mg |
| 肌醇 | 200 mg |

配制完成后包扎，并高压蒸汽灭菌(112℃，15 min)

(8)质粒提取溶液Ⅰ。

需要量：100 mL/班级。

溶液中各物质终浓度：

| | |
|---|---|
| 葡萄糖，用 HCl 调节 pH(8.0) | 50 mmoL/L |

Tris－HCl(pH 8.0)　　25 mmoL/L

EDTA(pH 8.0)　　10 mmoL/L

配制完成后包扎，并湿热灭菌(112℃，15 min)。

(9)质粒提取溶液Ⅱ。

需要量：100 mL/班级。

溶液中各物质终浓度：

NaOH　　0.2 mol/L

SDS　　1%

临用时配制。应先分别配制成两种溶液：50 mL0.4 mol/L NaOH 溶液和 50 mL2% SDS 溶液，使用前按 1∶1 的体积比混合。

(10)质粒提取溶液Ⅲ。

需要量：100 mL/班级。

每 100 mL 中各成分量：

5 mol/L 醋酸钾　　60 mL

冰乙酸　　11.5 mL

$H_2O$　　28.5 mL

(11)10×TE 溶液。

需要量：100 mL/班级。

溶液中各物质终浓度：

Tris－HCl　　0.1 moL/L

EDTA　　10 mmoL/L

配制完成后确认 pH 为 7.5，包扎，并高压蒸汽灭菌(121℃，15 min)。

(12)1×TE。

需要量：100 mL/班级。

溶液中各物质终浓度：

Tris－HCl　　0.01 moL/L

EDTA　　1 mmoL/L

配制完成后确认 pH 为 7.5，包扎，并高压蒸汽灭菌(121℃，15 min)。

(13)1 moL/L LiAC。

需要量：100 mL/班级。

根据 LiAC 分子量计算应称取的物质量，并配制成溶液。

(14)50%　PEG4000。

需要量：10 mL/班级。

计算应称取的物质量，加入适量水，高温高压灭菌才能溶解。

(15)2% Argrose(琼脂糖凝胶)。

需要量：100 mL/班级。

临用时配制：

每 100 mL 中成分：

Agrose 2 g

50 × TAE 2 mL

$ddH_2O$ 98 mL

(16)50 × TAE 核酸电泳缓冲液(浓缩贮备液)。

需要量：50 mL/班级。

每 1 L 中各成分量：

Tris 242 g

冰乙酸 57.1 mL

0.5 mol/L EDTA(pH 8.0) 100 mL

加水 至 1 L

(17)2 × 上样缓冲液 Sample buffer。

需要量：9.5 mL/班级。

| 0.5 mol/L Tris - HCl pH 6.8 | 2 mL |
| --- | --- |
| 甘油 | 2 mL |
| 20% SDS | 2 mL |
| 0.1% 溴酚蓝 | 0.5 mL |
| β - 巯基乙醇 | 1 mL |
| 双蒸水 | 2.5 mL |

(18)10% 过硫酸铵。

需要量：10 mL/班级。

临用时配制。

取 1 g 过硫酸铵定容至 10 mL $dH_2O$ 中即可，分装为 500 μL/管，溶解后放于 4℃。

(19)5 × 蛋白电泳缓冲液。

需要量：100 mL/班级。

Tris 7.5 g

甘氨酸 36 g

SDS 2.5 g

双蒸水溶解，定容至 300 mL，使用时稀释 5 倍。

(20)染色液。

需要量：500 mL /班级。

每 500 mL 中各成分量：

冰醋酸　　50 mL

甲醇　　125 mL

考马斯亮兰　　0.15 g

取上列物质，充分搅匀后，加水至 500 mL，过滤备用。

(21)脱色液。

需要量：500 mL /班级。

甲醇　　100 mL

甘油　　30 mL

冰醋酸　　50 mL

取上列物质，混匀，加水至　　500 mL

(22) Acrylamide 凝胶贮备液。

需要量：50 mL /班级。

30% (*w/v*) 丙稀酰胺(终浓度)

0.8% (*w/v*) N, N′甲叉双丙稀酰胺　(终浓度)

(23) 2 × 浓缩胶缓冲液(pH 6.8)。

需要量：50 mL /班级。

Tris　　0.25 moL/L

SDS　　0.2%

(24) 2 × 分离胶缓冲液。

需要量：50 mL /班级。

Tris　　0.75 moL/L(pH 8.8)

SDS　　0.2%

(25)特定 pH 的 0.05 mol/L Tris 缓冲液的配制。

将 50 mL 0.1 mol/L Tris 碱溶液与表 3－6 中所示相应体积(mL)的 0.1 mol/L HCl 混合，加水将体积调至 100 mL。

**表 3－6　所需盐酸体积**

| pH(25℃) | 7.10 | 7.20 | 7.30 | 7.40 | 7.50 | 7.60 | 7.70 | 7.80 | 7.90 | 8.00 |
|---|---|---|---|---|---|---|---|---|---|---|
| 0.1 mol/L HCl 体积/mL | 45.7 | 44.7 | 43.4 | 42.0 | 40.3 | 38.5 | 36.6 | 34.5 | 32.0 | 29.2 |
| pH(25℃) | 8.10 | 8.20 | 8.30 | 8.40 | 8.50 | 8.60 | 8.70 | 8.80 | 8.90 | |
| 0.1 mol/L HCl 体积/mL | 26.2 | 22.9 | 19.9 | 17.2 | 14.7 | 12.4 | 10.3 | 8.5 | 7.0 | |

注意：HCL 相对分子质量为 36.46，新的浓盐酸浓度为 36% ~38% (*W/V*)，相当于 12 mol/L。

# 2　基因的获得

## 2.1　cDNA 的获得

### 2.1.1　PCR 扩增获得目的片断

准确加入下列试剂，反应体系总体积为 50.0 μL，先加 $ddH_2O$：

| | |
|---|---|
| 10×PCR 缓冲液 | 5.0 μL |
| 25 mmol/L $MgCl_2$ | 3.0 μL |
| 10 mmol/L dNTP Mix | 1.0 μL |
| 10 μmol/L P1 | 1.0 μL |
| 10 μmol/L P2 | 0.5 μL |
| 模板 | 0.2 μL |
| 5 U/μL Tag 酶 | 0.5 μL |
| $ddH_2O$ | 38.8 μL |

在热循环仪(PCR 仪)上进行反应，设定反应程序为：

94℃预变性 5 min→94℃变性 1 min→52℃退火 1 min→72℃延伸 1 min，循环 30 次→72℃延伸 10 min

### 2.1.2　琼脂糖凝胶电泳检测 PCR 产物

1 μL 10×Loading buffer 加 9 μL PCR 产物或 1.5 μL 6×Loading buffer 加 7.5 μL PCR 产物，点样，电泳(电压 100 V，时间 30 min)。

### 2.1.3　HindIII 和 XbaI 双酶切

酶切体系为：

| | |
|---|---|
| Buffer $Y^+$ | 2.0 μL |
| PCR 产物 | 16 μL |
| Hind Ⅲ | 1.0 μL |
| Xba Ⅰ | 1.0 μL |

混匀体系 37℃ 孵育 2 h 。

## 2.2　载体的制备

### 2.2.1　含有质粒的宿主菌扩大培养

在 $LB^{AMP+}$ 板上。

(1)划线活化含质粒的宿主菌 DH5α。

(2)挑单克隆(或菌液)于 20 mL $LB^{AMP+}$ 培养液中，37℃过夜培养。

#### 2.2.2 提取质粒(碱裂解法)

(1)将过夜培养的菌液装入 1.5 mL 的 EP 管中，12000 × g 离心 30 s;

(2)弃净培养液;

(3)加入 100 μL 的质粒提取溶液Ⅰ，剧烈振荡;

(4)加入 200 μL 的质粒提取溶液Ⅱ，温和颠倒 EP 管 5 次(切勿振荡!);

(5)置于冰上 1 min;

(6)加入 150 μL 冰冷的质粒提取溶液Ⅲ，温和颠倒 5 次，至于冰上 3 min;

(7)12000 × g 离心 5 min，上清液转移至新管中;

(8)加入两倍体积的乙醇沉淀核酸，室温 2 min;

(9)12000 × g 离心 5 min，弃上清液;

(10)加入 1 mL 75% 的乙醇，颠倒数次;

(11)12000 × g 离心 5 min，弃上清液;

(12)充分干燥后，加入 30 μL $ddH_2O$。

#### 2.2.3 HindIII 和 XbaI 双酶切

取质粒 2 μL 为底物，以 $ddH_2O$ 补足体积，酶切体系和条件同 2.1.3。

### 2.3 重组表达载体的构建

#### 2.3.1 将上述酶切的 PCR 产物和载体进行连接反应

反应体系如下:

| | |
|---|---|
| PCR 酶切产物 | 3 μL |
| 载体酶切产物 | 5 μL |
| $T_4$ DNA Ligase buffer | 1 μL |
| $T_4$ DNA Ligase | 1 μL |

置 4 ~ 16℃(冰箱冷藏层)，过夜。

#### 2.3.2 转化 DH5α 大肠杆菌(注意无菌操作)

(1)在超净工作台上，连接产物 10 μL 加入到感受态细胞，混匀。

(2)冰上放置 30 min，小心轻拿；42℃热激 90 s(在水浴中进行)；迅速放入冰水中 2 min；在超净工作台上，每管加入 400 μL LB 空白培养基。

(3)37℃，200 r/min 振荡培养 45 min；取出后 5000 r/min 离心 5 min；在超净

工作台上，吸弃400 μL上清液，留少量菌液。

(4)加入8 μL X－Gal＋4 μL IPTG；混匀，涂板（$LB^{AMP+}$板），倒置于37℃培养箱中过夜培养。

(5)次日，挑单菌落至$LB^{AMP+}$液体培养基，37℃，培养8～16 h。

### 2.3.3 重组体质粒的提取

(1)质粒的提取；
(2)酶切鉴定；
(3)电泳鉴定；
(4)鉴定合格，保存备用。

## 3 基因表达及产物纯化

### 3.1 酵母菌划板活化及表达

(1)划酵母菌于YPD板，30℃，培养2～3 d；
(2)挑取单克隆于3 mL YPD培养液中，过夜培养；
(3)次日，3 mL培养液接入50 mL YPD培养液中放大培养（大组）；
(4)30℃培养1 h；
(5)测$A_{600}$在0.4～0.6之间，停止培养；
(6)4000 r/min离心5 min（1.5 mL EP管×2支/组）；
(7)细胞合并，悬浮于1 mL双蒸水中；
(8)4000 r/min离心5 min；
(9)临时配制两种工作液：
①工作液A 500 μL：

| | |
|---|---|
| 10×TE | 50 μL |
| 1 mol/L LiAc | 50 μL |
| $ddH_2O$ | 400 μL |

混合备用；
②工作液B 1.0 mL：

| | |
|---|---|
| 10×TE | 100 μL |
| 1 mol/L LiAc | 100 μL |
| 50% PEG4000 | 800 μL |

混合备用；
(10)细胞悬浮于0.5 mL工作液A，制成菌悬液待用；
(11)将下列物质混匀，以备培养：

| | |
|---|---|
| 质粒 DNA | 10 μL |
| Carrier DNA | 2 μL |
| 上述菌悬液 | 200 μL |
| 工作液 B | 1.0 mL |

(12)30℃振荡培养，转速 200 r/min，30 min；
(13)42℃，热激 15 min；
(14)5000 r/min，离心 5 min[若肉眼未见沉淀，直接跳至第(17)步]；
(15)细胞沉淀用 200 μL 1×TE 洗涤；
(16)5000 r/min 离心 5 min；
(17)细胞重悬于 100 μL 1×TE；
(18)涂 YSD 板(倒放)，30℃，培养 2～4 d；
(19)挑单克隆于 50 mL YSD，过夜；
(20)2 mL YSD 放大于 50 mL YPD，30℃，培养 3～4 d。

## 3.2 收菌、纯化

### 3.2.1 聚丙烯酰胺凝胶电泳准备

3.2.1.1 分离胶的制备

分离胶浓度为 12.5%，每组所配备的总用量根据所用的胶板大小而定。

将上述胶液配好后，充分混和，迅速注入两块玻璃板的间隙中，至胶注面的玻璃板凹槽 3.5 cm 左右，随后用注射器慢慢加入一层水。在室温条件下，静置 30 min 左右，凝聚待用。

3.2.1.2 浓缩胶的制备

待分离胶的胶面与水形成可见的界面时，即表明分离胶已基本凝聚(25～30 min)，这时，即可准备制备浓缩胶，方法如下：

待浓缩胶溶液配备好后，先将分离胶上层的水轻轻倒出，取少量浓缩胶液洗涤分离胶面，而后迅速注入剩下的浓缩胶液，并达玻璃板面，最后插入"梳子"。

### 3.2.2 收菌

将放大于 YPD 培养的菌液装入 10 mL(或 1.5 mL)离心管中，5000 r/min 离心 20 min。弃去沉淀，上清液即为样品。

### 3.2.3 表达产物的鉴定

3.2.3.1 材料制备

蛋白质样品：

(1)取 50 μL 上清液，12000 r/min，离心 3 min；

(2)将上清液吸出；

(3)加入 50 μL 2 × Sample buffer；

(4)在 100℃下煮沸 5 min 即可。

3.2.3.2 进样品

当浓缩胶完全聚合后(约 30 min)，轻轻将梳子拔出，并用进样器注入电泳缓冲液轻轻冲洗样品槽，然后注满电泳缓冲液。

样品的点样体积根据其蛋白质浓度和凝胶点样孔的大小确定，一般10 ~ 20 μL 即可，其总蛋白质含量应每孔 1 μg 左右。

3.2.3.3 电泳

打开电源，将电压调至 50 V，电泳 20 min 左右。

当样品完全进入分离胶后，再将电压调整至 120 V。

当样品的溴酚兰迁移至玻璃胶板底部 1 cm 左右时，即可停止电泳。

3.2.3.4 染色和脱色

将胶放入染色液中浸泡，水平摇床轻轻摇动 30 min。

染色液的用量是将胶全部浸泡即可。

染色完成后，倒出染色液。

随后，加入脱色液，放在室温下轻轻摇动。

如须加快脱色，可更换几次脱色液，直至蛋白质带清晰可见为止。

3.2.3.5 结果处理和分析

根据胶中标准已知蛋白质相对分子质量的蛋白质带，对样品中的带区比较，估计其相对分子质量，表达产物分子相对质量为 6 kDa，对照样品中无此大小条带。

## 第三节 实际执行参考攻略

### 1 准备工作

预备：各班级提前 1 周按 8 组分工，安排整个实训所需试剂的配制任务及卫生任务。

预习：实训开始前要认真阅读本实训指导书，熟悉实训内容和任务，并完成下列预习作业。

熟悉实训目的、实训时间分配表、实训思路、实训流程、实训所需配置的试剂(序号、试剂名称及浓度、实际需要量等)、需要的其他物品。

在实习日记本上先将所需试剂名称列表写好，并根据分配到的配制任务，在配制前先查阅文献，制定每种试剂的具体配制方法。

要求按指导书配方配制试剂和溶液。除特殊说明外，需要量为实验小组需要量。分工后要求每小组将全班所需试剂配齐。

根据实验要求，先配 YPD 灭菌，在等待灭菌结果期间，配制其他试剂；YPD 灭菌结束后立刻倒板。

## 2　分组分工建议

| 任务编号 | 人数 | 内容 | 注意 |
| --- | --- | --- | --- |
| 一 | 2～4 人 | (1)氨苄青霉素 Amp<br>(2)细菌营养培养基 LB<br>(3)添加氨苄青霉素的 LB 平板($LB^{AMP+}$) | 配套用具<br>存储位置<br>灭菌温度 |
| 二 | 2～4 人 | (4)酵母营养培养基 YPD 液<br>(5)酵母营养培养基 YPD 板 | |
| 三 | 2～4 人 | (6)YSD 板　(酵母筛选培养基)<br>(7)YSD 液 | |
| 四 | 2～4 人 | (8)质粒提取溶液Ⅰ<br>(9)质粒提取溶液Ⅱ<br>(10)质粒提取溶液Ⅲ | 存储位置<br>灭菌温度 |
| 五 | 2～4 人 | (11)10×TE 溶液<br>(12)1×TE<br>(13)1 moL/L LiAC<br>(14)PEG4000　50% | pH<br>配制方法<br>灭菌温度 |
| 六 | 2～4 人 | (15)2% Argrose(琼脂糖凝胶)<br>(16)50×TAE 核酸电泳缓冲液(浓缩贮备液)<br>(17)上样缓冲液 2×Sample buffer | 需要时配 |
| 七 | 2～4 人 | (18)10% 过硫酸铵<br>(19)5×蛋白电泳缓冲液<br>(20)染色液<br>(21)脱色液 | 第一周配好储备液，第二周需要时配制工作液 |
| 八 | 2～4 人 | (22)Acrylamide 凝胶贮备液<br>(23)2×浓缩胶缓冲液 stacking gel buffer<br>(24)2×分离胶缓冲液 separation gel buffer | |

## 3 每日工作

| 第1天 | 项目一 | 项目二 | 项目三 |
| --- | --- | --- | --- |
| 内容 | 配制实验中的试剂、培养基等，处理好需要用的实验耗材，进行灭菌。分组分工进行配制 | 活化酵母菌，将酵母菌在YPD板上进行划线培养，活化，30℃培养。每组必做 | 含载体的DH5α菌种，划线活化，37℃培养，每组必做 |

| 第2天 | 项目一 | 项目二 |
| --- | --- | --- |
| 内容 | PCR产物电泳(2%琼脂糖凝胶) | 挑含载体的DH5α单菌落扩大培养，37℃培养 |

| 第3天 | 项目一 | 项目二 | 项目三 |
| --- | --- | --- | --- |
| 内容 | 提取质粒<br>质粒双酶切 | PCR产物电泳<br>PCR产物双酶切 | 挑酵母单克隆过夜培养 |

| 第4天 | 项目一 | 项目二 |
| --- | --- | --- |
| 内容 | 连接产物，转化大肠杆菌 | 进一步掌握仪器使用方法 |

| 第5天 | 比平时要早半小时到 | |
| --- | --- | --- |
| | 项目一 | 项目二 |
| 内容 | 挑单菌落至$LB^{AMP+}$液体培养基 | 酵母感受态的制备及转化 |

| 第6天 | 项目一 | 项目二 |
| --- | --- | --- |
| 内容 | 提取重组质粒质 | 检查所配制酵母表达用品 |

| 第7天 | 项目一 | 项目二 |
| --- | --- | --- |
| 内容 | 挑酵母单克隆过夜培养，检查后续试剂准备情况 | 酶切重组质粒 |

| 第8天 | 项目一 | 项目二 |
| --- | --- | --- |
| 内容 | 放大培养，表达 | 电泳检测重组质粒并保存 |

| 第9天 | 分组01(8：30)分组02(9：30)分组03(10：30) | |
| --- | --- | --- |
| | 项目一 | 项目二 |
| 内容 | 收菌，SDS-PAGE电泳 | 考查前续仪器使用情况 |

| 第10天 | 项目一 | 项目二 |
| --- | --- | --- |
| 内容 | 总结 | 做好实验室整理工作 |

# 4　所需物品耗材

## 4.1　器材

| 序号 | 名称 | 单位 | 数量 | 备注 |
| --- | --- | --- | --- | --- |
| 1 | PCR管 | 盒 | 1 | 饭盒装 |
| 2 | 1.5 mL离心管 | 盒 | 2 | 饭盒装 |
| 3 | 250 mL三角瓶 | 个 | 20 | |
| 4 | 1000 μL移液器 | 把 | 8 | 大 |
| 5 | 100或200 μL移液器 | 把 | 8 | 中 |
| 6 | 10 μL移液器 | 把 | 8 | 小 |
| 7 | 枪头及枪头盒 | 个 | 8 | 大 |
| 8 | 枪头及枪头盒 | 个 | 8 | 中 |
| 9 | 枪头及枪头盒 | 个 | 8 | 小 |
| 10 | 天平 | 台 | 3 | |
| 11 | 培养皿 | 个 | 100 | |
| 12 | 离心管架 | 个 | 8 | |
| 13 | PCR板 | 个 | 4 | |
| 14 | 125 mL试剂瓶 | 个 | 20 | |
| 15 | 1000 mL试剂瓶 | 个 | 10 | |

**续上表**

| 序号 | 名称 | 单位 | 数量 | 备注 |
|---|---|---|---|---|
| 16 | 500 mL 试剂瓶 | 个 | 10 | |
| 17 | 洗瓶 | 个 | 8 | |
| 18 | 100 mL 烧杯 | 个 | 10 | |
| 19 | 250 mL 烧杯 | 个 | 5 | |
| 20 | 500 mL 烧杯 | 个 | 5 | |
| 21 | 1000 mL 烧杯 | 个 | 4 | |
| 22 | 200 mL 量筒 | 个 | 4 | |
| 23 | 500 mL 量筒 | 个 | 2 | |
| 24 | 1000 mL 量筒 | 个 | 1 | |
| 25 | 滤纸 | 盒 | 1 | |
| 26 | 150 mL 三角瓶 | 个 | 50 | |
| 27 | 250 mL 三角瓶 | 个 | 20 | |

## 4.2　试剂

| 序号 | 名称 | 单位 | 数量 | 备注 |
|---|---|---|---|---|
| 1 | Tris | 瓶 | 1 | |
| 2 | 冰乙酸 | 瓶 | 1 | |
| 3 | EDTA | 瓶 | 1 | |
| 4 | 胰蛋白胨 | 瓶 | 1 | |
| 5 | 酵母提取物 | 瓶 | 1 | 用后即密封 |
| 6 | 氯化钠 | 瓶 | 1 | |
| 7 | Amp | 瓶 | 1 | |
| 8 | 氢氧化钠 | 瓶 | 1 | |
| 9 | SDS | 瓶 | 1 | |
| 10 | 琼脂粉 | 瓶 | 1 | |
| 11 | 葡萄糖 | 瓶 | 1 | |
| 12 | 乙酸锂 | 瓶 | 1 | |
| 13 | 乙酸钾 | 瓶 | 1 | |
| 14 | 琼脂糖 | 瓶 | 1 | |

**续上表**

| 序号 | 名称 | 单位 | 数量 | 备注 |
| --- | --- | --- | --- | --- |
| 15 | 蛋白胨 | 瓶 | 1 | |
| 16 | PEG4000 | 瓶 | 1 | |
| 17 | 酵母氮源(YNB) | 瓶 | 1 | |
| 18 | 亮氨酸 | 瓶 | 1 | |
| 19 | 腺嘌呤(Adenine) | 瓶 | 1 | |
| 20 | 肌醇(Inositol) | 瓶 | 1 | |
| 21 | 甘油(丙三醇) | 瓶 | 1 | |
| 22 | 溴酚兰 | 瓶 | 1 | |
| 23 | $\beta$-巯基乙醇 | 瓶 | 1 | |
| 24 | 过硫酸铵 | 瓶 | 1 | |
| 25 | 甘氨酸 | 瓶 | 1 | |
| 26 | 甲醇 | 瓶 | 1 | |
| 27 | 考马斯亮蓝 | 瓶 | 1 | |
| 28 | 丙烯酰胺 | 瓶 | 1 | |
| 29 | N，N 甲叉双丙烯酰胺 | 瓶 | 1 | |
| 30 | Tag 酶 | 管 | 1 | -20℃冷藏 |
| 31 | d NTP | 管 | 1 | -20℃冷藏 |
| 32 | Loading buffer | 管 | 1 | -20℃冷藏 |
| 33 | Hind Ⅲ | 管 | 1 | -20℃冷藏 |
| 34 | Xba Ⅰ | 管 | 1 | -20℃冷藏 |
| 35 | 无水乙醇 | 瓶 | 1 | |
| 36 | $T_4$ DNA Ligase | 管 | 1 | -20℃冷藏 |

# 参考文献

[1] Andrew R M, Bradburya J DM. Antibodies from phage antibody libraries [J]. Journal of Immunological Methods, 2004, 290: 29 -49.

[2]Burcu GE, Damla H, EdaC, et al. Established and Upcoming Yeast Expression Systems[M]. New York: Springer, 2019: 02 -09.

[4] EwaZ, Ma? gorzata B, Magdalena K. Yeast as a Versatile Tool in Biotechnology [M]. IntechOpen: 2017 -11 -08.

[5]Felix B, Martin G, Falko M, et al. Selection of the Optimal Yeast Host for the Synthesis of Recombinant Enzymes[M]. New York: Springer, 2019: 02 -09.

[6] Hongyan L, Abhishek S, Sachdev S. Sidhu, Donghui Wu. Fc Engineering for developing therapeutic bispecific antibodies and novel scaffolds [J]. Frontiers in Immunology, 2017, 8: 38.

[7]ZhenL, YiZ, JunchangF, et al. Characterization of oligopeptide transporter (PepT1) in grass carp (Ctenopharyngodonidella)[J]. Comparative Biochemistry and Physiology Part B: Biochemistry and Molecular Biology, 2013, 164(3): 194 -200.

[8]SonjaO, RobertH, AndreaR. Induction of regular cytolytic T cell synapses by bispecific single - chain antibody constructs [J]. Molecular Immunology, 2006, 43(6): 763 -771.

[9]陈德富. 现代分子生物学实验原理与技术[M]. 北京: 科学出版社, 2006.

[10]陈宏编. 基因工程实验技术[M]. 北京: 中国农业出版社, 2015.

[11]陈庄, 邓存良, 吴刚. 年分子生物学基本技术实验指导[M]. 北京: 科学出版社, 2019.

[12]顾青, 宋达峰. 分子生物学实验指导[M]. 杭州: 浙江工商大学出版社, 2014.

[13]郝福英, 朱玉贤. 分子生物学实验技术[M]. 北京: 北京大学出版社年, 2003.

[14]郝福英. 生命科学实验技术[M]. 北京: 北京大学出版社年, 2004.

[15]何水林. 基因工程[M]. 北京: 科学出版社, 2017.

[16]贺淹才. 简明基因工程原理[M]. 北京: 科学出版社, 2005.

[17]黄立华. 分子生物学实验技术 - -基础与拓展[M]. 北京: 科学出版社, 2019.

[18]李燕. 精编分子生物学实验技术[M]. 北京: 世界图书出版公司, 2018.

[19]李建粤, 崔永兰, 崔丽洁, 开国银. 遗传学与基因工程实验指导[M]. 北京: 科学出版

社, 2017.
[20]李玮瑜, 李姗, 张洪映. 基因工程实验指南[M]. 北京: 中国农业科学技术出版社, 2017.
[21]李晓洁. 三丁酸甘油酯调控草鱼肠道 PepT1 基因表达的分子机理研究[D]. 长沙: 湖南农业大学, 2018.
[22]李永明. 实用分子生物学方法手册[M]. 北京: 科学出版社, 2000.
[23]刘静. 分子生物学实验指导[M]. 长沙: 中南大学出版社, 2015.
[24]任林柱, 张英. 分子生物学实验原理与技术[M]. 北京: 科学出版社, 2019.
[25]沈倍奋, 陈志南, 刘民培. 重组抗体[M]. 北京: 科学出版社, 2005: 51 -53.
[26]王关林, 方宏筠. 植物基因工程实验技术指南[M]. 北京: 科学出版社, 2017.
[27]王关林, 方宏筠. 植物基因工程(第二版)[M]. 北京: 科学出版社, 2018.
[28]魏群. 分子生物学实验指导[M]. 北京: 高等教育出版社, 2015.
[29]吴乃虎. 基因工程原理[M]. 北京: 科学出版社, 2001.
[30]谢帝芝, 刘臻, 王赏初. 青鱼生长激素在毕赤酵母中的表达[J]. 淡水渔业, 2011, 41(6): 19 -24.
[31]谢帝芝, 李静静, 刘小青. 青鱼生长激素基因酵母工程菌发酵条件的研究[J]. 饲料研究, 2010, 10: 61 -66.
[32]薛茹. 丙酸菌 - 大肠杆菌穿梭载体构建及表达[D]. 石家庄: 河北科技大学, 2012.
[33]严海燕. 基因工程与分子生物学实验教程[M]. 武汉: 武汉大学出版社, 2009.
[34]杨清, 余丽芸. 分子生物学与基因工程实验技术[M]. 北京: 中国农业大学出版社, 2014.
[35]杨汝德. 基因工程[M]. 广州: 华南理工大学出版社, 2003.
[36]杨汝德. 基因克隆技术在制药中的应用[M]. 北京: 化学化工出版社, 2004.
[37]药立波. 医学分子生物学实验技术(第 3 版)[M]. 北京: 人民卫生出版社, 2014.
[38]叶棋浓. 现代分子生物学技术与实验技巧[M]. 北京: 化学工业出版社, 2015.
[39]殷武编. 基因工程实验[M]. 北京: 科学出版社, 2013.
[40]张曼, 金鑫, 王云鹤, 等. 酿酒酵母 β - 葡聚糖对绵羊瘤胃外植体 SBD - 1 表达的影响[J]. 中国兽医学报, 2019, 39(09): 1821 -1828.
[41]朱旭芬. 基因工程实验指导[M]. 北京: 高等教育出版社, 2016.

# 附录一　实验室学习工作注意事项

(1)上实验课的学生每 4 人为一个大组，2 人分为一个小组。

(2)课前要提前预习实验内容，弄懂实验设计的原理，理清实验顺序。

(3)实验课不得无故缺席、迟到或早退。非课表规定的实验时间，应按任课老师的安排，准时来进行操作。

(4)实验课时，应自觉遵守课堂纪律，保持实验室的安静与清洁卫生，不得大声谈笑、抽烟、随地乱扔纸屑、随地吐痰等。

(5)实验前清点好仪器、用具与试剂，实验台面应随时保持整洁，仪器、药品摆放整齐。共用试剂使用完毕，应立即盖严放回原处。勿使试剂、药品洒在实验台面和地面上。

(6)实验中应严格遵守操作规程进行实验，对任何自己不熟悉的实验仪器都不要随意操作(尤其是微量移液器)。在操作的过程中发现任何意外的现象都要及时向任课教师汇报。细心观察实验现象，并如实记录实验结果。每个实验完成后，要写实验报告。

(7)严禁随意动用非当天实验所需的仪器和物品，使用仪器应严格按仪器使用的程序进行，贵重仪器需在任课老师的指导下进行操作。实验过程中如仪器出现故障，应及时向任课老师汇报情况，如违反使用规定造成损坏，使用者将负责修理与赔偿。

(8)使用仪器、药品、试剂和各种其他物品需注意节约。洗涤和使用仪器时，应小心仔细，防止损坏仪器。

(9)实验废液应装入专门的收杂桶内，并定期回收。废纸等其他固体废物，不得倒入水槽，应倒入废物桶内。特别注意对废弃细菌的杀灭和有毒垃圾的定点投放。

(10)实验结束后，应清洗好当天所用的器皿和用具，整理好仪器与实验台面，经任课教师同意方可离开。

(11)值日组的同学最后离开，等待清扫实验室的卫生，关闭门窗水电。经任课教师检查同意后方可离开。

# 附录二 植物 MS 培养基

## 1 MS 培养基贮备液

### 1.1 20 ×贮备液 I

| 成分 | 浓度/(mg · $L^{-1}$) |
|---|---|
| $NH_4NO_3$ | 33000 |
| $KNO_3$ | 38000 |
| $CaCl_2 \cdot 2H_2O$ | 8800 |
| $MgSO_4 \cdot 7H_2O$ | 7400 |
| $KH_2PO_4$ | 3400 |

### 1.2 200 ×贮备液 II

| 成分 | 浓度/(mg · $L^{-1}$) |
|---|---|
| KI | 166 |
| $H_3BO_3$ | 1240 |
| $MnSO_4 \cdot 4H_2O$ | 4460 |
| $ZnSO_4 \cdot 7H_2O$ | 1720 |
| $Na \cdot MoO_4 \cdot 2H_2O$ | 50 |
| $CuSO_4 \cdot 5H_2O$ | 5 |
| $CoCl_2 \cdot 6H_2O$ | 5 |

### 1.3 200×贮备液Ⅲ棕色瓶装，避光

| 成分 | 浓度/($mg \cdot L^{-1}$) |
| --- | --- |
| $FeSO_4 \cdot 7H_2O$ | 5560 |
| $Na_2 \cdot EDTA \cdot 2H_2O$ | 7460 |

### 1.4 200×贮备液Ⅳ

| 成分 | 浓度/($mg \cdot L^{-1}$) |
| --- | --- |
| 肌醇 | 20 000 |
| 烟酸 | 100 |
| 盐酸吡哆醇 | 100 |
| 盐酸硫胺素 | 20 |
| 甘氨酸 | 400 |

## 2 MS基本培养基

制备MS培养基时，需先用适量水(小于总体积)将琼脂煮化成均匀糊状，然后按下表加入贮备液Ⅰ、Ⅱ、Ⅲ、Ⅳ和合适的植物生长调节剂，定容，调节pH至5.8(5~6)。将制备好的培养基趁热分装(常规培养用100 mL广口锥形瓶，瓶底培养基厚度为1~2 cm；若需灭菌后加抗生素，则不要先分装)。用专用的封瓶膜包扎封口，高压灭菌待用。

| MS基本培养基体积 | 1 L | 250 mL |
| --- | --- | --- |
| 蔗糖 | 30 g | 7.5 g |
| 琼脂 | 9 g | 2.25 g |
| 20×贮备液Ⅰ | 50 mL | 12.5 mL |
| 200×贮备液Ⅱ | 5 mL | 1.25 mL |
| 200×贮备液Ⅲ | 5 mL | 1.25 mL |
| 200×贮备液Ⅳ | 5 mL | 1.25 mL |
| pH=5.8(5~6) | | |

## 3 YEB 基本培养基

| 试剂 | | 1 L 培养基配制 |
|---|---|---|
| 中文名 | 英文名 | |
| 蛋白胨 | Peptone | 5 g |
| 酵母浸膏 | Yeast Extract | 1 g |
| 牛肉浸膏 | Beef Extract | 5 g |
| $MgSO_4 \cdot 7H_2O$ | | 0.493 g |
| 水 | | 加水至 1 L |

培养基 pH =7.0。固体培养基，每 50 mL 加琼脂粉 0.75 g。将培养基分装在锥形三角瓶中，包扎封口，高压灭菌待用。

图书在版编目(CIP)数据

分子生物学与基因工程实验教程／陈建荣主编．—长沙：中南大学出版社，2019.12(2023.8 重印)

ISBN 978-7-5487-3792-6

Ⅰ.①分… Ⅱ.①陈… Ⅲ.①分子生物学—实验—高等学校—教材②基因工程—实验—高等学校—教材 Ⅳ.①Q7-33

中国版本图书馆 CIP 数据核字(2019)第 261423 号

分子生物学与基因工程实验教程

FENZI SHENGWUXUE YU JIYIN GONGCHENG SHIYAN JIAOCHENG

陈建荣　主编

□责任编辑　潘庆琳
□责任印制　唐　曦
□出版发行　中南大学出版社
社址：长沙市麓山南路　　邮编：410083
发行科电话：0731-88876770　　传真：0731-88710482
□印　　装　长沙雅鑫印务有限公司

□开　　本　710 mm×1000 mm 1/16　□印张 11.25　□字数 223 千字
□版　　次　2019 年 12 月第 1 版　□印次 2023 年 8 月第 2 次印刷
□书　　号　ISBN 978-7-5487-3792-6
□定　　价　36.00 元